国家自科科学基金面上基金资助（41972117）
中央高校教育教学改革专项经费资助（202204）
中国地质大学（武汉）实验教材项目资助

# 层序地层学实习指导书

CENXU DICENXUE SHIXI ZHIDAO SHU

主　编　朱红涛　王　华
副主编　严德天　甘华军　黄传炎

**图书在版编目(CIP)数据**

层序地层学实习指导书/朱红涛,王华主编. —武汉:中国地质大学出版社,2024.4
ISBN 978-7-5625-5840-8

Ⅰ. ①层… Ⅱ. ①朱… ②王… Ⅲ. ①地层层序-地层学 Ⅳ. ①P539.2

中国国家版本馆 CIP 数据核字(2024)第 084695 号

**层序地层学实习指导书**

朱红涛　王　华　**主　编**
严德天　甘华军　黄传炎　**副主编**

责任编辑:韦有福　　选题策划:韦有福　张晓红　　责任校对:何澍语

出版发行:中国地质大学出版社(武汉市洪山区鲁磨路 388 号)　　邮编:430074
电　　话:(027)67883511　　传　　真:(027)67883580　　E-mail:cbb@cug.edu.cn
经　　销:全国新华书店　　http://cugp.cug.edu.cn

开本:787 毫米×1092 毫米　1/16　　字数:192 千字　印张:7.5　插页:1
版次:2024 年 4 月第 1 版　　印次:2024 年 4 月第 1 次印刷
印刷:湖北新华印务有限公司

ISBN 978-7-5625-5840-8　　定价:26.00 元

# 《层序地层学实习指导书》编委会

主　编：朱红涛　王　华

副主编：严德天　甘华军　黄传炎

编委会：陈　思　王家豪　刘恩涛　陆永潮

廖远涛　何　杰　肖　军　李潇鹏

张志遥　贾艳聪

# 前　言

层序地层学是沉积地质学领域的一场革命，层序地层学因在全球油气勘探突破中显示出新理论支撑的重要性和新技术应用的成效性，已成为持续高效油气勘探和开发中的重要“工具”，为地质和地球物理人员在等时地层格架内开展地层学、沉积相和岩性圈闭预测等地质综合研究提供了新颖、强大的理论支撑体系、研究思路和分析对比工具，是具有很强理论性、操作性、实践性和应用性的一门学科。层序地层学核心工作是对地震资料和钻井资料的钻井层序地层、地震层序地层及井震联合层序地层进行分析与应用。但是，目前国内外地质院校的层序地层学实践教学，大多还是处于传统的教学模式，包括沿用国际经典层序地层剖面、采用典型的纸质地震剖面等方式。如何真正实现让学生学会三维高分辨率地震资料人机联作解释，弥补学生在课堂理论教学中所缺乏的实践动手能力，实现“教、学、练、用”的理论教学和实践教学，以及形成产教融合交互过程一体化教学过程和模式，是亟待解决的问题。

《层序地层学实习指导书》的编委由国家级教学团队（2008）和省级教学团队（2008）老中青教师组成。该指导书是基于团队成员长期围绕创新地层学理论研究、技术方法、实践教学研究取得的教学成果、科研实践成果、产教融合效果编写而成，内容体现了前瞻性、与时俱进性、操作性、实用性、适用性和产教融合性，是团队成员们长期密切合作、集体智慧的结晶。实习的目的是加强学生和科研工作者对层序地层学基本概念、基本原理和基本技能的理解和巩固，整体提高学生和科研工作者基于地震资料、钻井资料提取地质信息的动手操作技能，了解产教融合实践应用实例和成果。

实习指导书主要内容编写分工：前言由朱红涛、王华执笔；第一章（地震数据库管理：围绕数据库创建与资料加载，工区基本操作流程，层位、断层命名与调用，井震标定）由严德天、王家豪、刘恩涛执笔；第二章（地震、钻井层序界面典型识别标志：地震层序界面识别标志、钻井层序界面识别标志、地震相识别参数）由朱红涛、陆永潮执笔；第三章（实习操作：实习工区背景介绍，典型构造样式，关键层序界面识别，剖面闭合解释操作步骤）由甘华军、廖远涛、陆永潮、刘恩涛、王华执笔；第四章（实习成果图件编绘：层序地层学研究中的工作流程图，“点”的分析图件的绘制，野外露头类图件的绘制，“线”类图件的编绘，“面”类图件的编绘，立体类图件的编绘以及演化类“时”图件的编绘）由黄传炎、王家豪、陈思、王华执笔；第五章（产教融合与生产实践：产教融合实践应用内容，产教融合实践实例，陆相盆地层序构型多元化体系）由朱红涛执笔；参考文献由王华等全体人员综合整理；全书最后由王华进行统稿。在实践教学过程中，可以结合“层序地层学”“地震地质综合解释”“石油构造分析”等主干课程的不同侧重点，实施相应的、针对性的实践内容。

该实习指导书在资料准备、编写与出版过程中，采用了团队教师在国内陆相盆地取得的大量最新产教融合实例和研究成果，特别感谢中国石油天然气集团有限公司、中国石油化工集团有限公司、中国海洋石油集团有限公司等“产学研”单位提供的合作课题及大力支持。该实习指导书工区加载部分参考和引用了 Petrel 软件学习资料，在此表示感谢。

该实习指导书不仅可以满足石油、地矿高校及有关专业层序地层学研究生（本科生）实践教学需要，而且可供其他专业教学及地学行业科技人员参考使用，在指导沉积矿藏的勘探开发中发挥重要作用。此外，由于笔者水平有限，如有疏漏和不妥之处，恳请广大读者对书中的不当之处批评指正。

编　者

2023 年 7 月

# 目　录

# 第一章　地震数据库管理

5G通信、云计算、大数据、人工智能、物联网等技术的发展，为海量的地震数据存储管理提供了一个契机。这些新技术使通过无限的存储空间实现地震勘探大数据管理系统的高可用性和低维护成本成为可能，地震勘探数据已迈入“大数据”行列，对地震勘探行业产生深远的影响。地震勘探数据在地球物理勘探领域是资源勘探开发、资源评价与利用及相关决策制定的重要基础资料。如何科学、有效地管理地震数据，提高地震数据的利用价值，是石油勘探亟需解决的科学问题。学生如何学习和运用新信息技术来管理、处理地震数据，也是新时期资源勘查工程专业教学中亟需解决的实践教学问题。本次实习从对地震勘探数据存取管理需求出发，为资源勘查工程专业的地震勘探层序地层学实习指导课程提供了丰富的实践教学案例。

数据库地震管理实践教学能够提高学生的实践能力和加强学生的职业素养。通过实际操作，学生能够熟悉常用的地震数据管理软件和工具，掌握数据管理的最佳实践和流程。这为学生进入石油勘探等地质行业提供了一定的就业竞争优势，增加了更多的职业发展机会。地震数据管理实践教学的目的和意义在于培养学生关于地震数据管理方面的技能和知识，提高他们的数据分析和问题解决能力，加强团队合作和沟通能力，提升他们的实践能力，这将为学生未来的工作和职业发展奠定坚实的基础，使他们能够成为地震勘探和地质领域的优秀人才。

## 第一节　数据库创建与资料加载

### 一、启动 Petrel

首次启动 Windows 界面下“Start→Schlumberger”文件夹，鼠标左键选中 Petrel，拖到桌面上，创建一个 Petrel 启动界面的快捷方式，然后双击桌面图标，启动 Petrel。在该窗口下，左边区域选择 Geoscience core，右边区域勾选要用的地震解释模块，点击“OK”，打开 Petrel 界面。

## 二、Project setup 工区建立

现有工区：点击“文件”，选择“打开项目”。在弹出窗口中，导航到工区文件(. pet)的存储路径，选择相应的工区执行文件，然后点击“打开”。

新建工区：点击“File”，选择“New project”。在弹出窗口中，点击“Continue spatially unaware”图标，创建一个新项目。接下来，保存新工区：点击“File”，选择“Save project as”，指定保存路径并给工区命名，最后点击“Save”。

参数设置如下。

工区投影系统和单位设置：点击“File”，选择“Project setup”，然后选择“Project settings”。在弹出的“Settings for”，转到“Coordinates and units”标签页，选择以下两个：①Coordinate reference system(CRS)；②工区单位制(公制或英制，依赖 CRS 选择和输入数据)。完成设置后关闭对话框。

工区参考基准面设置：包括地震时间基准面(SRD)和深度基准面(MSL，即平均海平面，Z=0)。对于地震时间基准面 SRD，有两种方式定义：对于海上油田，SRD=MSL，即 Z=0。在 Petrel 中，默认选择海上油田的 SRD 设置。对于陆上油田，需要在 Petrel 中设置地震工区的陆上油田参考基准面。点击“创建 SRD”图标，弹出“创建 SRD”窗口。在“Name”字段中定义一个新的 SRD 名称，在“Z from MSL”字段中输入相对于平均海平面的高度值。点击“OK”完成设置(图 1-1)。

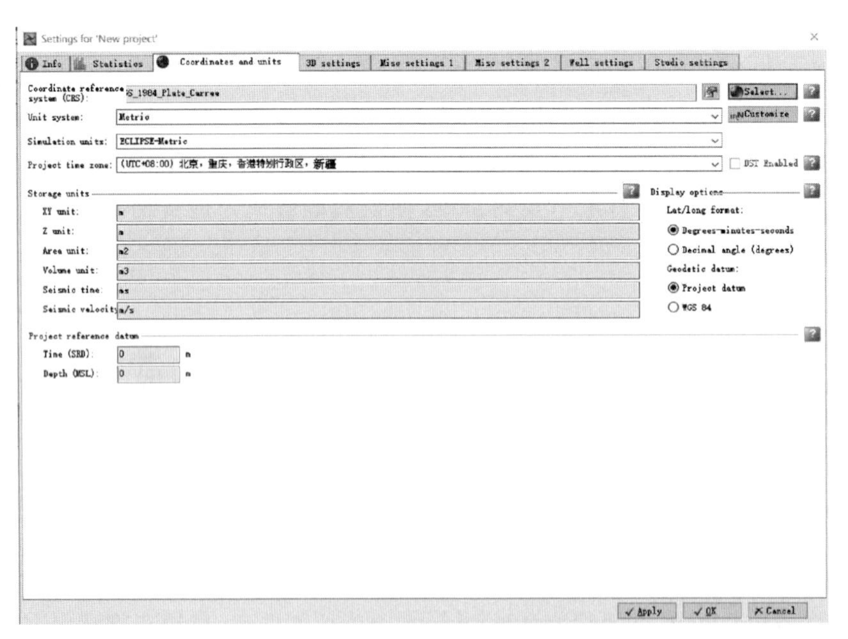


图 1-1　Petrel 工具建立相关设置参数

备注：拷贝时必须将. ptd 文件与. pet 文件同时拷贝才能使用。

## 三、Data Import 数据加载

数据导入—加载井头数据。

### 1. 井数据加载

加载井口位置数据：井口文件应包含井名、X、Y、KB、TD 等基本信息。文件格式可以是 Text(Tab delimited)( *. txt)或 Formatted Text(Space delimited)( *. prn)。请按照下列步骤操作。①在 input 中，右键单击“Import file”，进入 Import file 界面。②选择文件格式为“Well heads( *. * )”，选择需要加载的文件，点击“Open”，进入 Import well head 界面并设置参数(图 1-2)。③删除界面中默认的 Columns，定义自己的 5 列(根据井口的列数)文件：Well name、X、Y、KB、TD(MD)。注意：KB 代表参考点的高程，在 Petrel 中，可以为属性选择“井基准值”，井选择“KB”。④将标题行数设置为 1(取决于文件是否有标题信息)，点击“确定”继续。

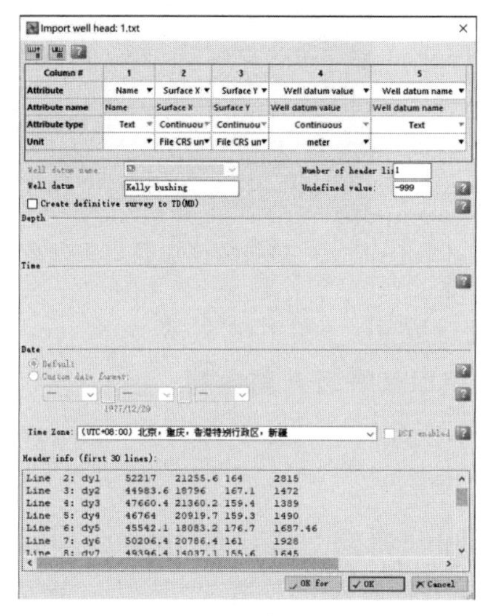


图 1-2　Petrel 井数据加载相关参数

在弹出窗口中确认文件的 CRS(坐标参考系)与项目的 CRS 匹配。单击“OK”，完成井口坐标数据加载。

### 2. 加载井斜数据

井斜文件通常包括 MD、Incline(井斜角)和 Azimuth(方向方位角)信息。文件格式可以是 *. txt 或 *. prn。请按照下列步骤操作：①在 Input 面板中，右键单击“Import file”，进入 Import file 界面。②选择文件格式为“Well path/deviation(ASCII)( *. * )”，如果文件包含多个井偏差，请选择“Multiple well paths/deviations(ASCII)( *. * )”，并选择要加载的文件。③在“Import survey path/deviation”界面中，Trajectory type 选 Survey。Trajectory format有5种类型可选，如可以选X、Y、TVD，或者MD、INCL、AZIM等，“TVD elevation reference”一般选KB(图1-3)。在Coordinates and units界面中选择投影系统，最后点击“OK for all”或“OK”进行批量或单个加载。

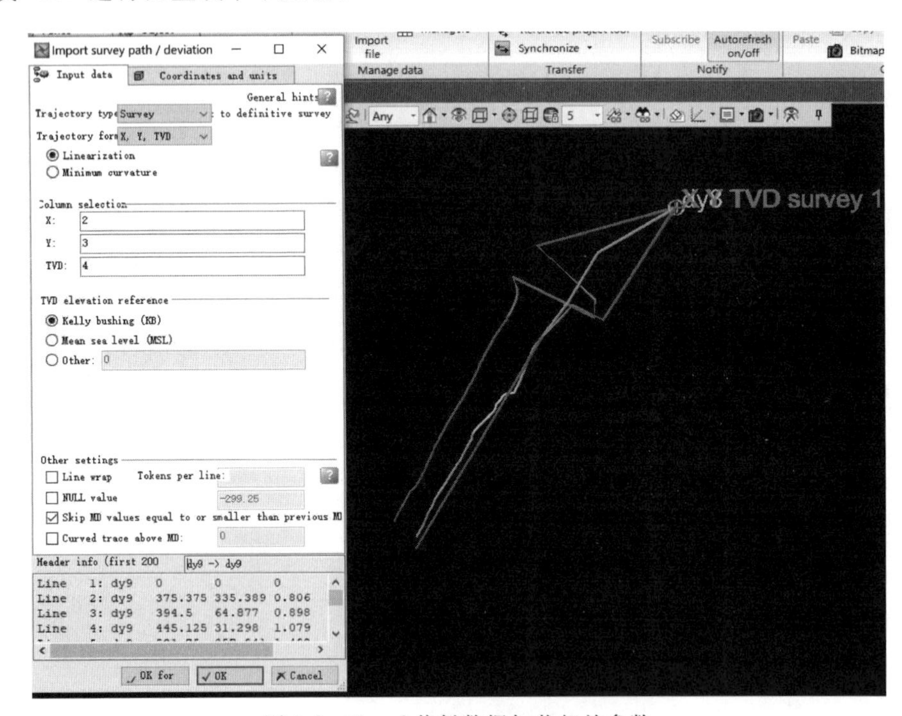

图1-3 Petrel井斜数据加载相关参数

查看井斜数据：Input面板→Wells→单井文件夹→Surveys and plans下激活井轨迹，点右键选“Trajectory spreadsheet”即可查看井斜数据。

### 3. 加载井曲线数据

加载井曲线数据如下：①Input面板下点右键“Import file”进入Import file界面，选择格式文件Well logs(ASCII)(根据井曲线类型选择)→选择一条或多条井曲线→“OK”。②进入Match filename and well窗口，确认文件名File name和井轨迹Well trace都匹配正确，点击“OK”。③进入Import well logs界面，在Input data标签下Logs匹配可以设为“Specify logs to be loaded”，可指定加载的测井曲线。加载过程如图1-4所示。

### 4. 加载井的时深关系数据

数据基本信息包括Well name、TVD、TWT。格式为*.txt或*.prn的文本文件即可。具体加载步骤为：①Input面板下点右键“Import file”进入Import file界面，选择格式文件为Checkshot format(ASCII)→选择Checkshots数据→“OK”。②进入Import checkshots界面，删除默认Column，手动插入Well name、TVD、TWT三列数据信息即可。Depth datum为“MSL”，Time datum为“SRD”(图1-5、图1-6)。

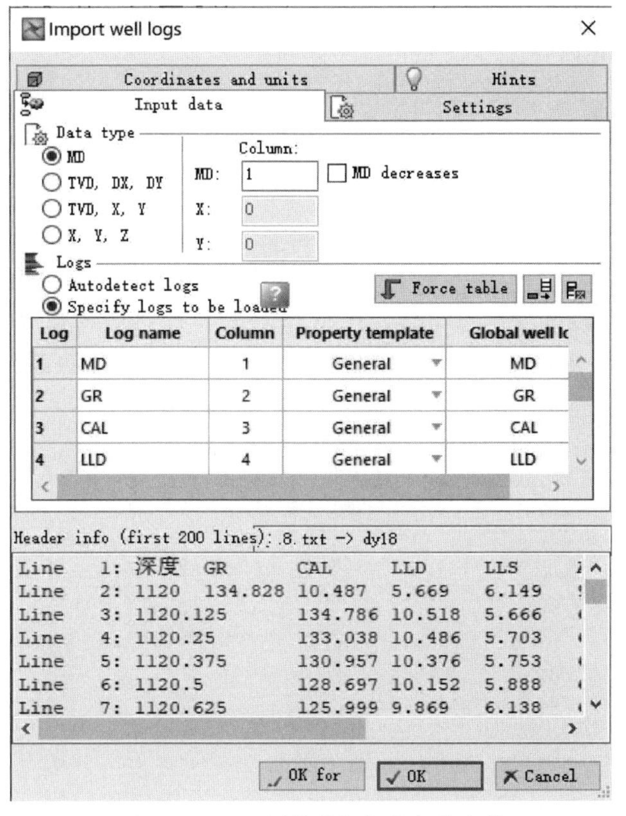


图 1-4　Petrel 测井数据加载相关参数

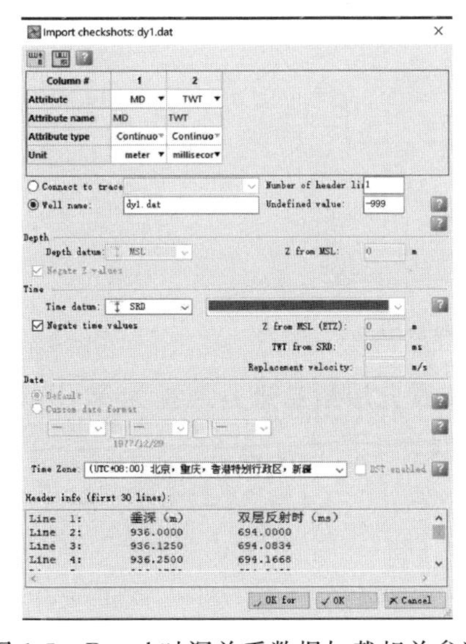


图 1-5　Petrel 时深关系数据加载相关参数

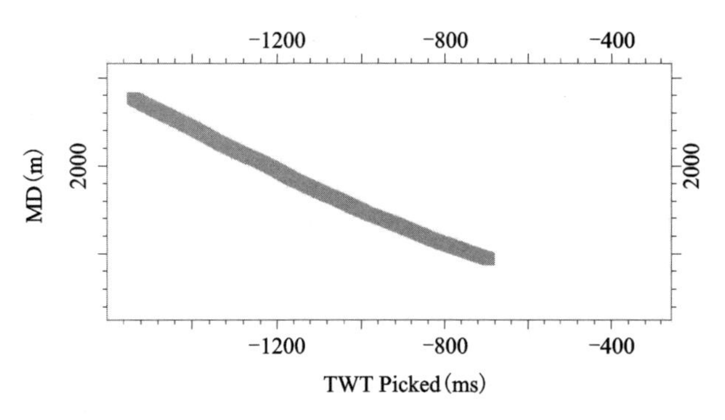


图 1-6　Petrel 时深关系数据检查

备注：①Petrel 中会自动将 time 值变为负值，但在数据显示中 time 值应为正值，因此在加载数据 TWT 为正值时应将“Negate Z values”打勾，如果为负值，则不需要打勾。②Checkshots 位于 Wells→Global well logs 文件夹中，可通过 Checkshots 上点击右键菜单下选“Spreadsheet”查看数据内容。

**5. 加载井分层数据**

加载井分层数据如下：①Input 面板下右键 Import file 进入 Import file 界面，选择格式文件为 Import petrel well tops→选择 marker 数据→OK；②进入 Import petrel well tops 界面，删除默认 Column，手动选择 Well、Surface、MD、Horizon type（包括 horizon、fault、other 三种）即可。点击“OK”，进入下一个窗口，提示井分层和井轨迹的位置进行自动匹配，点击“OK”。进入 CRS selection 窗口，file CRS 和 Project CRS 是一致的，点击“OK”（图 1-7）。

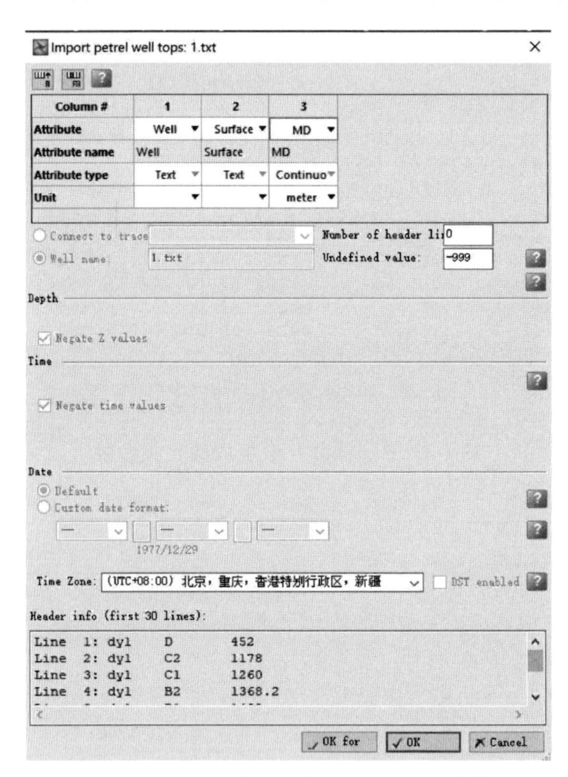


图 1-7 Petrel 井分层数据加载相关参数

备注：①如果分层为多个，可添加多个 Well tops。②查看分层信息进行质控为 Well tops 右键菜单 Spreadsheet→Well top spreadsheet 查看分层数据。

## 四、地震数据加载

（1）创建一个地震文件夹：激活 Home 菜单，在下面的灰白色区域 Insert 中的 Folder 图标（黄色），点击下拉箭头选“New seismic main folder”，即在 Input 下生成一个 Seismic 文件夹。

（2）创建测网文件夹：在插入的 Seismic 上点右键菜单选“New seismic survey”文件夹，于是 Seismic 下便生成一个新 Survey 1 文件夹，可重新命名为 3D seismic。

(3)加载三维地震数据:在 3D seismic 上点右键菜单选“Import(on selection)”,到指定路径下选三维地震数据,如 ST8511r92. segy,files of type 选择 SEG-Y seismic data,点击“Open”,弹出窗口下选择地震数据的模板、Domain 和 Vintage 类型,file CRS 和工区是一致的,点击“OK”,加载界面如图 1-8 所示。

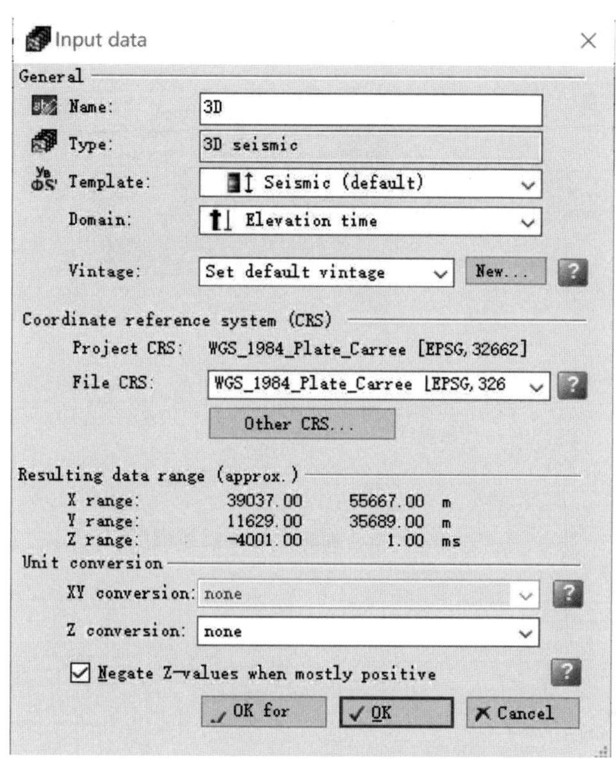


图 1-8　Petrel 地震体加载相关参数

在 Input 面板下勾选该数据体的 Inline 和 Xline,在 3D 窗口显示该地震数据。如图 1-9 所示。

**1. 层位数据加载**

(1)创建一个层位文件夹:Seismic 文件夹上点击右键菜单选“New interpretation folder”,即插入一个新的解释文件夹,命名为 Horizons。

(2)在 Horizons 上点击右键选 Import file 进入 Import file 界面,选择格式文件:本演示工区的解释数据格式为 Seiswork 3D interpretation(ASCII)(*.*)→选择解释层位数据→Open,加载界面。在 Import interpretation 3D 窗口选择相应的 Survey 和 Domain,然后点击“OK for all”批量加载。在 Input→Seismic→Horizons 下就有了加载进来的解释层位(图 1-10)。

**2. 断层数据加载**

Input 面板下点右键选“Insert folder in tree”,创建一个新文件夹并命名为 Fault sticks(注意这个文件夹不见得是在 Seismic 地震主文件夹里)。在此文件夹上点右键选择Import(on selec-

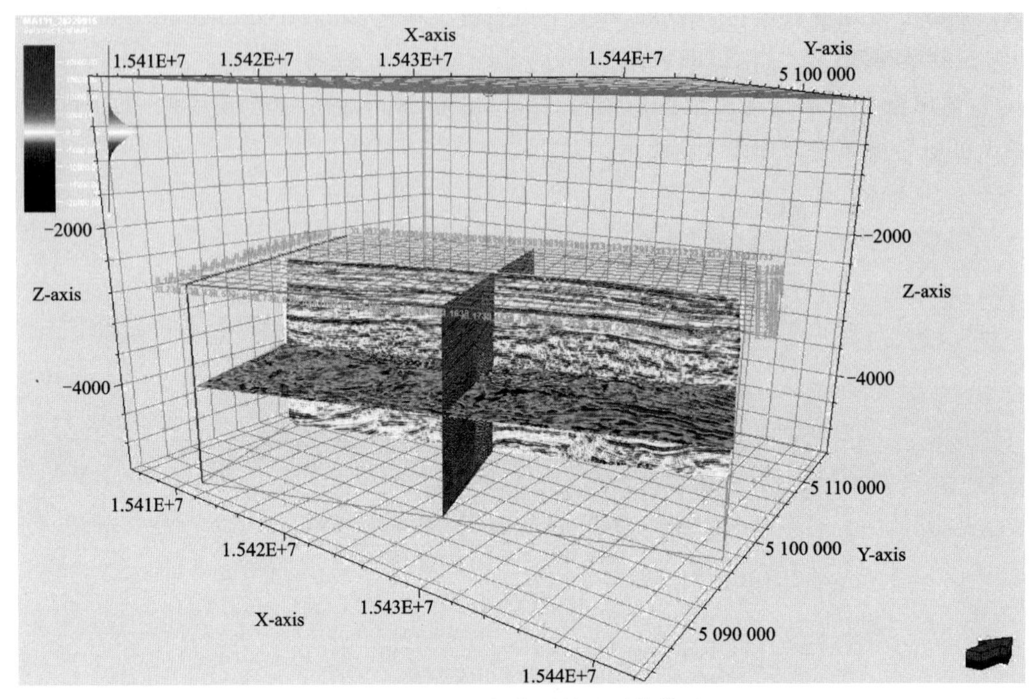


图 1-9　Petrel 加载后的地震体模型

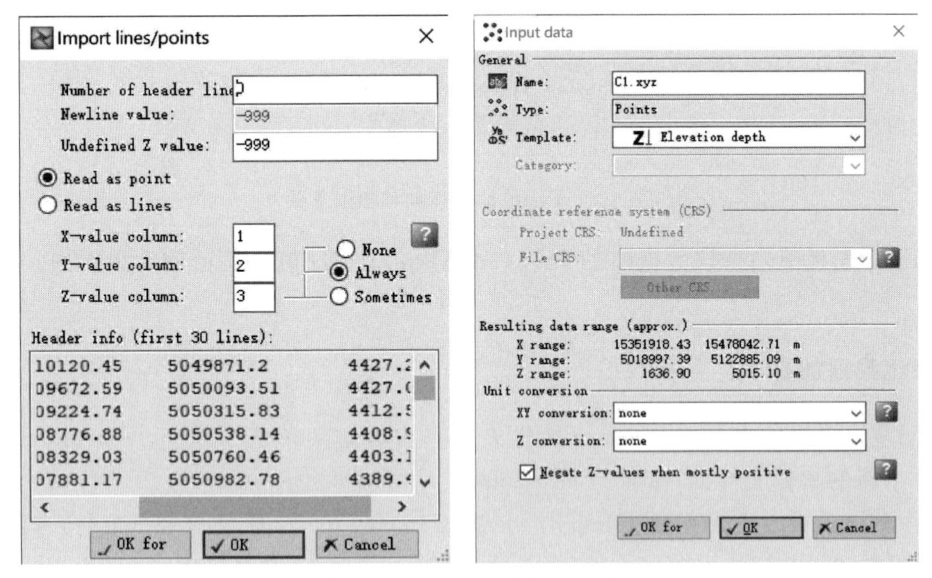


图 1-10　Petrel 层位加载过程

tion)进入 Import file 界面，选择格式文件：Zmap＋lines（ASCII），到指定路径下选择 fault sticks 文件，选“Open”，进入“Input data”窗口，在 Template 处选择“elevation time”，“Line type”选择“Fault sticks”，点击“OK for all”，在“CRS Information”窗口中确认 Project CRS 和 File CRS 是一致的，继续点击“OK”批量加载断层数据。将 Input 下的 fault sticks 文件夹展开就有了加进来的断层数据（图 1-11）。

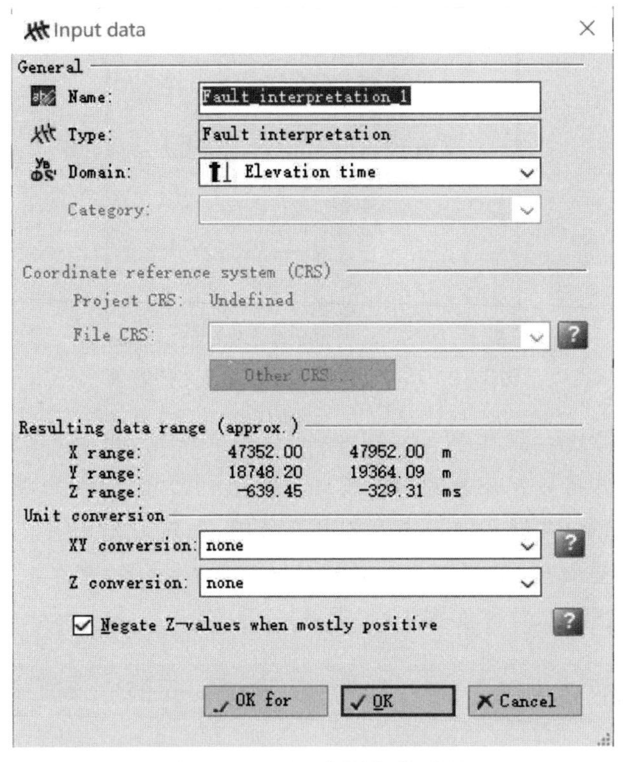


图 1-11　Petrel 断层加载过程

这样加进来的断层线(棍)并不是地震解释窗口里面解释的断层形式,仅仅是线而已。如果 Input 界面里输入格式选 IESX fault sticks(ASCII)或者 Seiswork fault sticks(ASCII),那么加进来的断层就放在地震主文件夹中的解释文件夹里了。

# 第二节　工区基本操作流程

为方便日常使用,本书提供几个工作流来对一些地震解释相关的数据进行重新组织整理。

(1)井集管理:Petrel 中井集管理分为物理井集和逻辑井集两种管理方式。①物理井集创建:Wells 右键菜单下选择 Insert new folder,产生文件夹,将井直接拖拽到每个文件夹中。②逻辑井集创建:不受物理井集影响。具体操作如下:Wells→Saved searches→右键菜单 Create new search 进入 Settings for “Saved search”界面;Info 标签下填写井集名称;Well list 标签下勾选“static”,从 Input 下选择“Well”,在 Well list 下点击;Well list 下不勾选 static,进入 Search criteria,在其标签下设置逻辑井集,点击选择 Filter type、Property(可选择两种属性,以属性类型而定)、Operator,再点击“Apply”,然后回到 Well list 查看符合条件的井(图 1-12)。

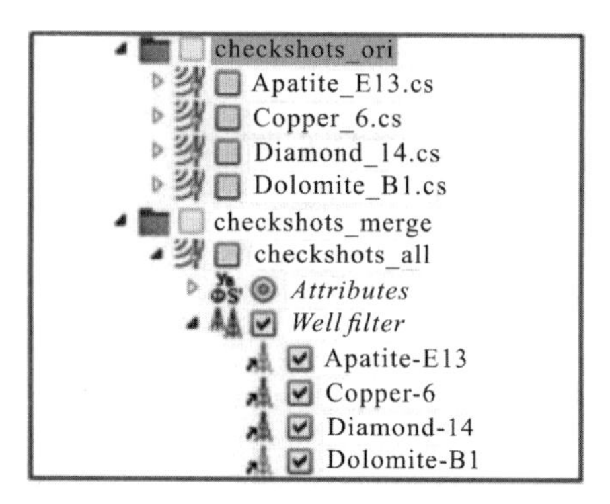


图 1-12　Petrel 多个 checkshot 文件管理

备注：设置井显示风格，双击 Wells，在 style 标签下选择 path 界面（设置轨迹显示样式）和 symbol 界面（设置井符号和井名显示样式）。双击 well tops→style，将 filter visible well 打勾，则分层随井轨迹显示，在显示窗口中有井则有分层，无井则无分层。

（2）Checkshot 数据管理：如果工区中 Checkshot 数据很多，多个 Checkshot 文件可以合并成一个总文件，方便管理，具体如图 1-13 所示。

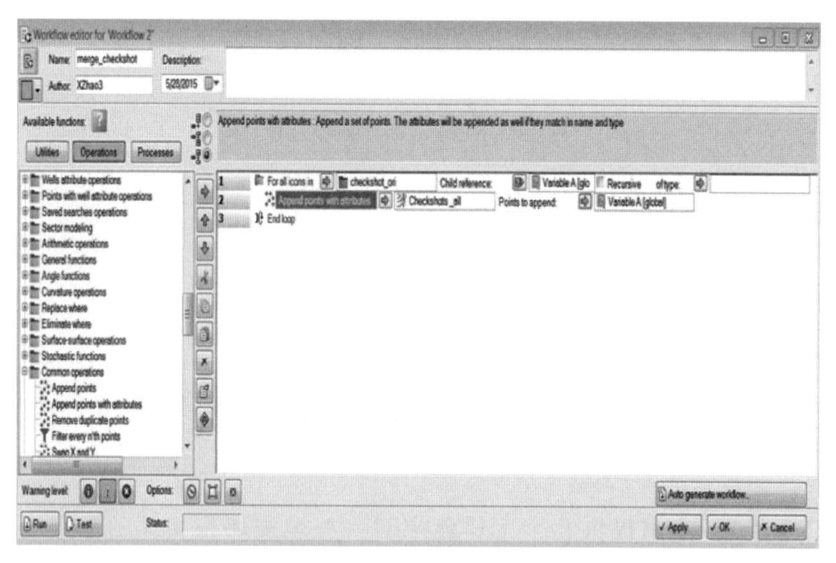


图 1-13　Petrel 中 Checkshot 合并工作流程

（3）地震数据管理：指定一个网络盘存放地震数据，按项目或者测区建目录存储，也可分为 2D、3D 主目录，再分别以 Survey 目录存放，保存 2D 的 segy 格式数据和 3D 的 zgy 格式数据。

（4）层位数据管理：一般手动分组，或如果层位较多可通过 Workflow 自动生成规范的文件夹管理层位模式，如图 1-14 所示。层位文件夹的建立工作流程如图 1-15 和图 1-16 所示。

（5）断层多边形管理：与层位一样也通过 Workflow 批量存放断层多边形文件到层位文件夹里，如图 1-17 所示。

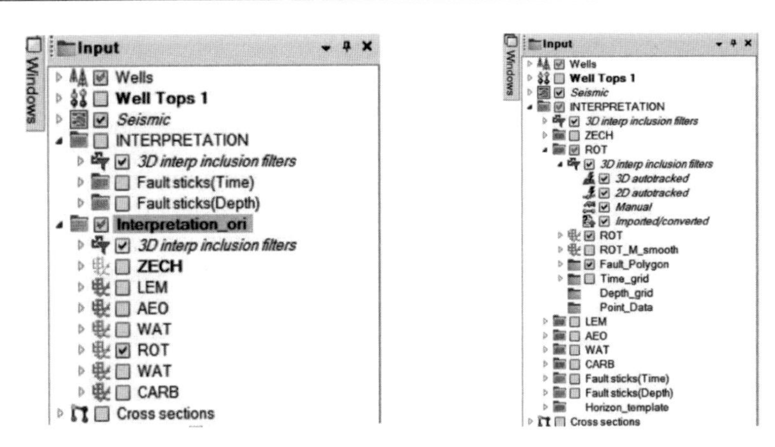


图 1-14　Petrel 中 Workflow 自动生成规范的文件夹管理层位模式

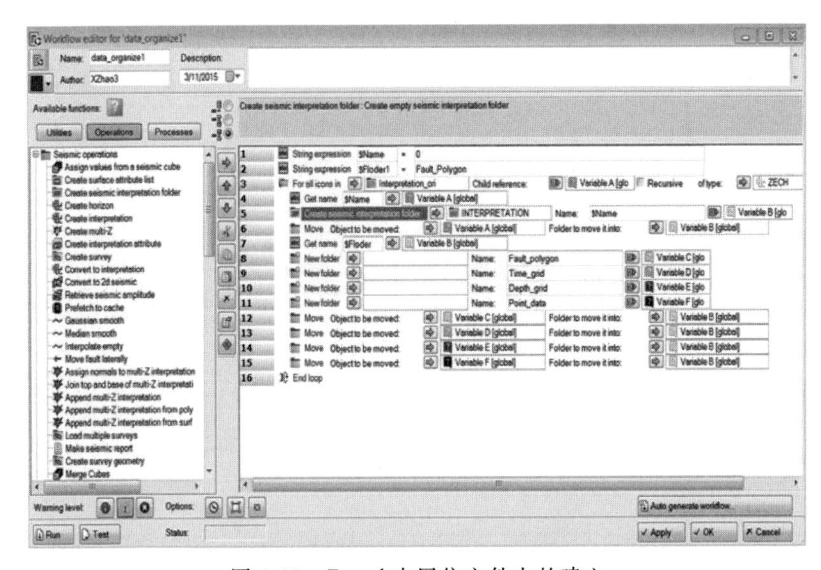


图 1-15　Petrel 中层位文件夹的建立

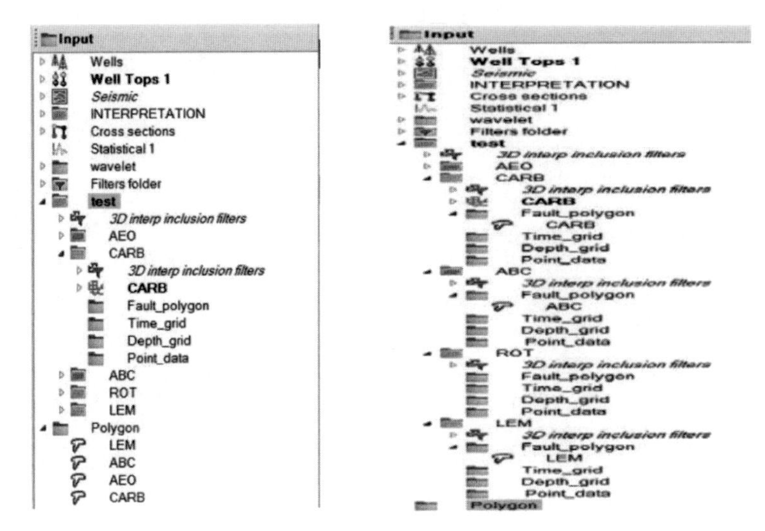


图 1-16　Petrel 中存放断层多边形文件到层位文件夹里

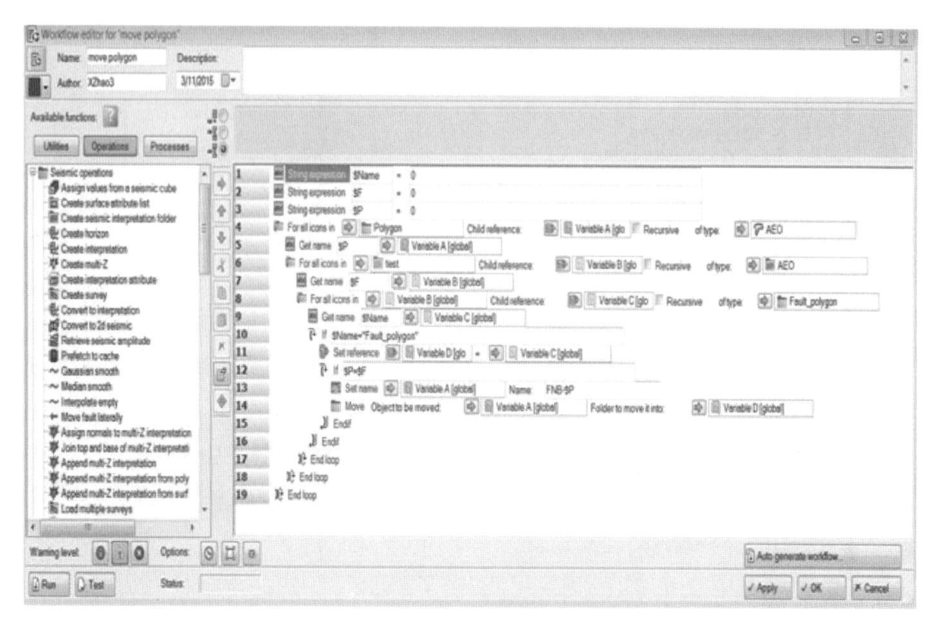

图 1-17　Petrel 中断层多边形

## 第三节　层位、断层命名与调用

在 Import interpretation 3D 窗口选择相应的 Survey 和 Domain，然后点击“OK for all”批量加载。在 Input→Seismic→Horizons 下就有了加载进来的解释层位，3D 窗口下显示加载进来的解释数据结果，如图 1-18 所示。

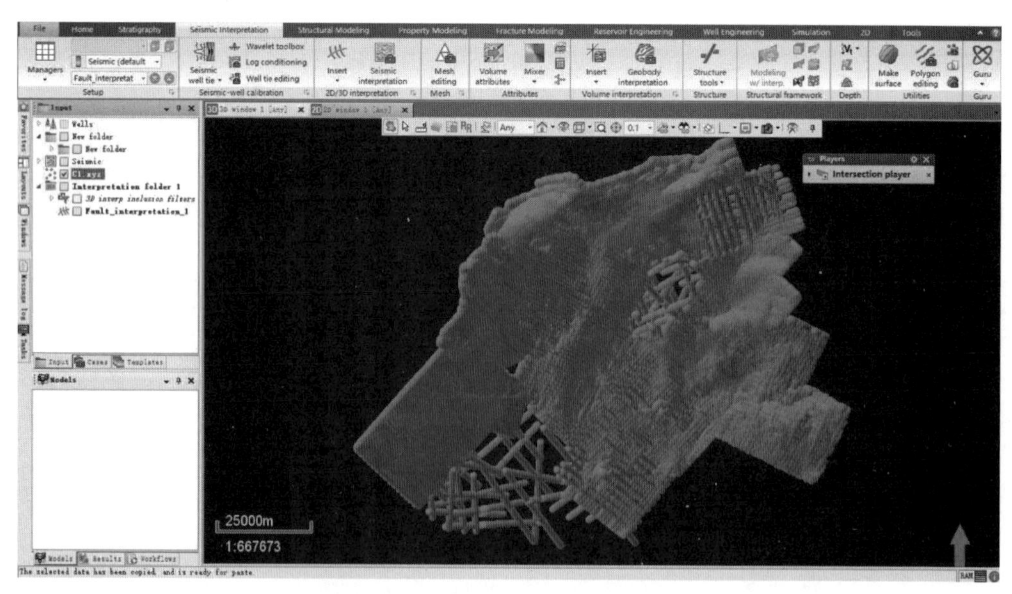

图 1-18　Petrel 中层位的加载和显示

将 Input 下的 fault sticks 文件夹展开就有了加进来的断层数据。如果 Input 界面里输入格式选 IESX fault sticks(ASCII)或者 Seiswork fault sticks(ASCII),那么加进来的断层就放在地震主文件夹中的解释文件夹里,如图 1-19 所示。

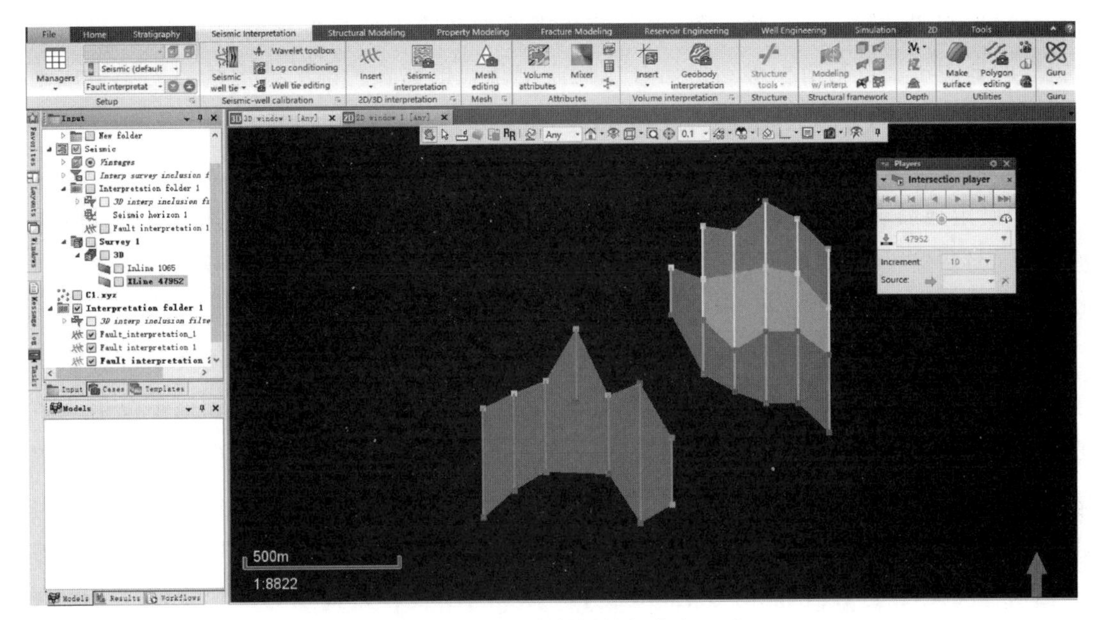

图 1-19　Petrel 中断层的加载和显示

# 第四节　井震标定

## 一、合成地震记录原理

随着对岩性油气藏、地层油气藏等隐蔽性油气藏勘探开发的不断深入,对井震标定的精度提出了更高的要求。合成地震记录是用声波测井或垂直地震剖面资料经过人工合成转换成的地震记录(地震道)。它在地震模型技术中应用非常广泛,是层位标定、油藏描述等工作的基础,是把地质模型转化为地震信息的中间媒介,是联合高分辨率的测井信息与区域性的地震信息的桥梁,其精度直接影响到地质层位的准确标定。

合成地震记录的制作是一个简化的一维正演的过程,合成地震记录是地震子波与反射系数褶积的结果,计算公式为

$$S(t)=R(t)\times W(t) \tag{1-1}$$

式中:$S(t)$为合成地震记录;$R(t)$为反射系数序列;$W(t)$为地震子波。

上式表明，合成地震记录的好坏与反射系数序列的求取和地震子波的选择有着密切的关系。反射系数序列的准确性和精确程度又与测井资料（声波、密度）的采集、处理等过程密切相关；地震子波的选择，则要考虑子波的长度、相位、频率等诸多因素。

合成地震记录制作的一般流程：由声波和密度测井曲线计算得到反射系数，将反射系数与提取的地震子波进行褶积得到初始合成地震记录。根据较精确的速度场对初始合成地震记录进行校正，再与井旁地震道进行匹配调整，得到最终合成地震记录。

确定地震子波的步骤与方法如下。

（1）确定地震子波的步骤：①利用雷克子波对齐最显著的标志层；②利用统计性子波重新进行标定与调整，使主要的标志层对齐；③在主要标志层对齐情况下，利用确定性子波进行层间反射的标定。

（2）确定地震子波的方法：①统计性子波提取就是在地层反射系数和地震子波都未知的情况下，仅仅根据观测到的地震记录来估计地震子波，但需要对地震资料和地下反射系数序列的分布进行某种假设，所得到的子波精度与假设条件的满足程度有关。②确定性子波提取方法是利用声波测井和密度测井资料，首先计算出反射系数序列，然后结合井旁地震道由褶积模型求出地震子波。不需要对反射系数序列的分布作任何假设，可以得到较为准确的子波，但很容易受各种测井误差的影响，尤其是声波测井资料不准而引起的速度误差会导致子波振幅畸变和相位谱扭曲。

## 二、合成地震记录制作

（1）打开 Seismic well tie 界面：Seismic interpretation→seismic－well calibration→seismic well tie，弹出 Seismic well tie 界面。

（2）Create study：可重新命名，也可以使用默认名字。

（3）Type of study 有 4 种。

- Sonic calibration：声波矫正
- Synthetic generation：合成记录产生
- Integrated seismic well tie：相当于声波矫正与合成记录产生组合
- Depth seismic calibration：地震数据深度矫正

做地震合成记录选“Synthetic generation”，如图 1-20 所示。

（4）Well：选择要制作合成记录的井。

（5）Copy template：默认 template 即可。

（6）TDR：时深关系→Active from well 代表所选井当前使用的时深关系。

（7）Wavelet：点开右边子波图标打开 Wavelet toolbox 窗口可提取子波（图 1-21）。①Create new：子波命名。②Method：Analytical、Statistical、Deterministic、Multi wavelet、Multi well。通常第一轮制作，Method 选“Analytical”理论子波，Algorithm 通常选“Ricker”。

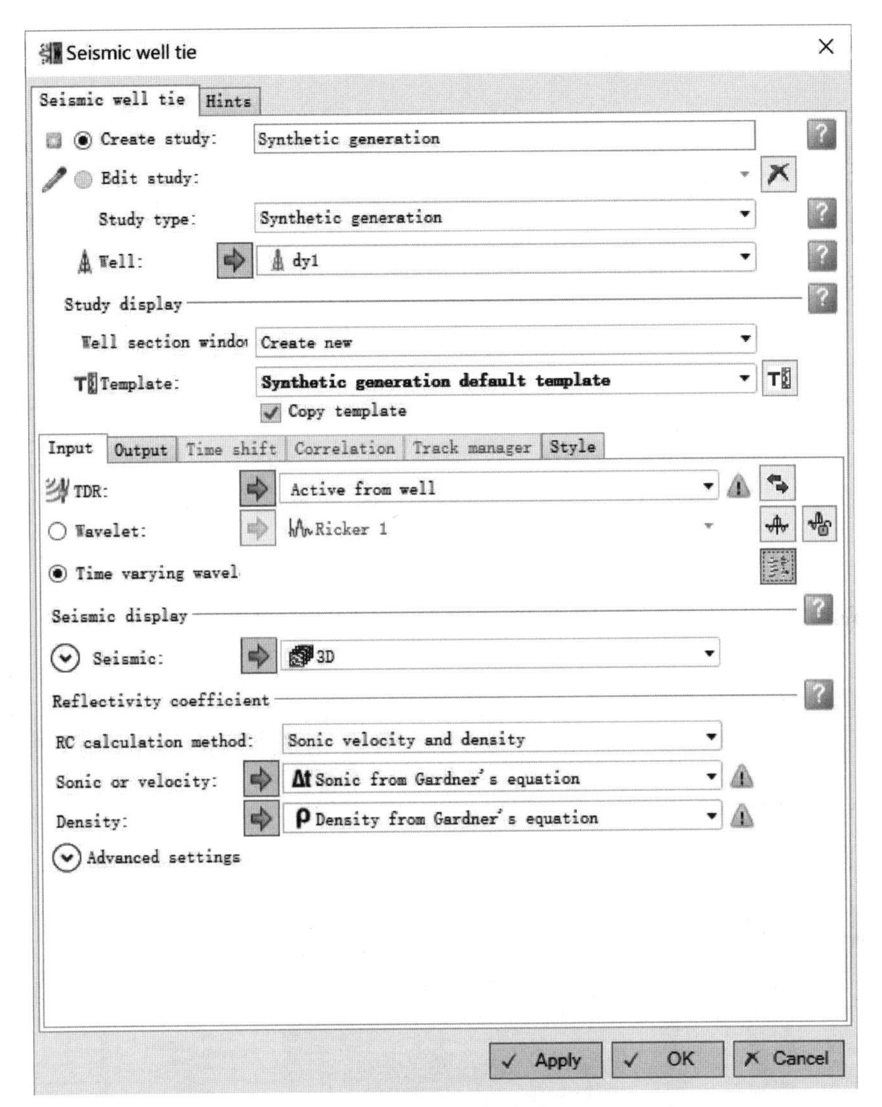


图 1-20　Petrel 中单井合成记录相关参数设置

③Parameters：Length 子波长度通常为 2 的倍数。Sample rate 数据体的 Settings→Statistics→Sample interval 查询。Central frequency 为主频。在地震剖面上通过 Inspector→Spectrum 查看。在 Wavelet toolbox 窗口点击“OK”，保存 Ricker-NHz 子波。

（8）Seismic：选择一个叠后地震数据体用于矫正合成地震记录。Section type 如果是斜井做合成地震记录，需选择“Seismic along the well trajectory”。

（9）RC calculation method：通常选择“Sonic velocity and density”。Sonic or velocity 选 DT 声波曲线；Density 选 RHOB 密度曲线。完成后点击“Apply”，弹出“Synthetic generation”窗口（图 1-22、图 1-23）。

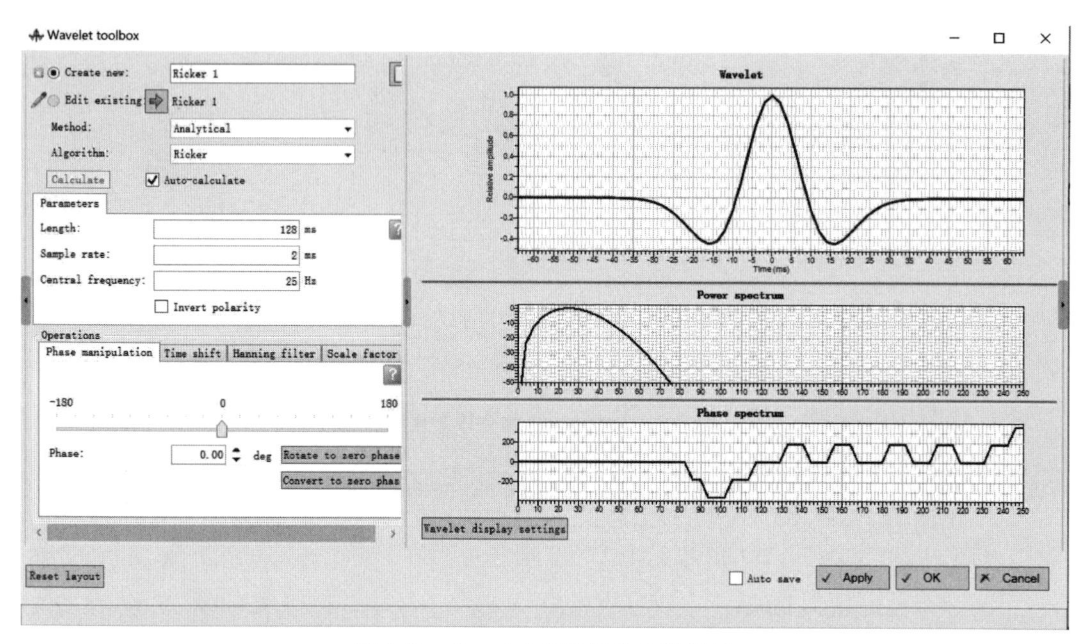


图 1-21　Petrel 中子波相关参数设置

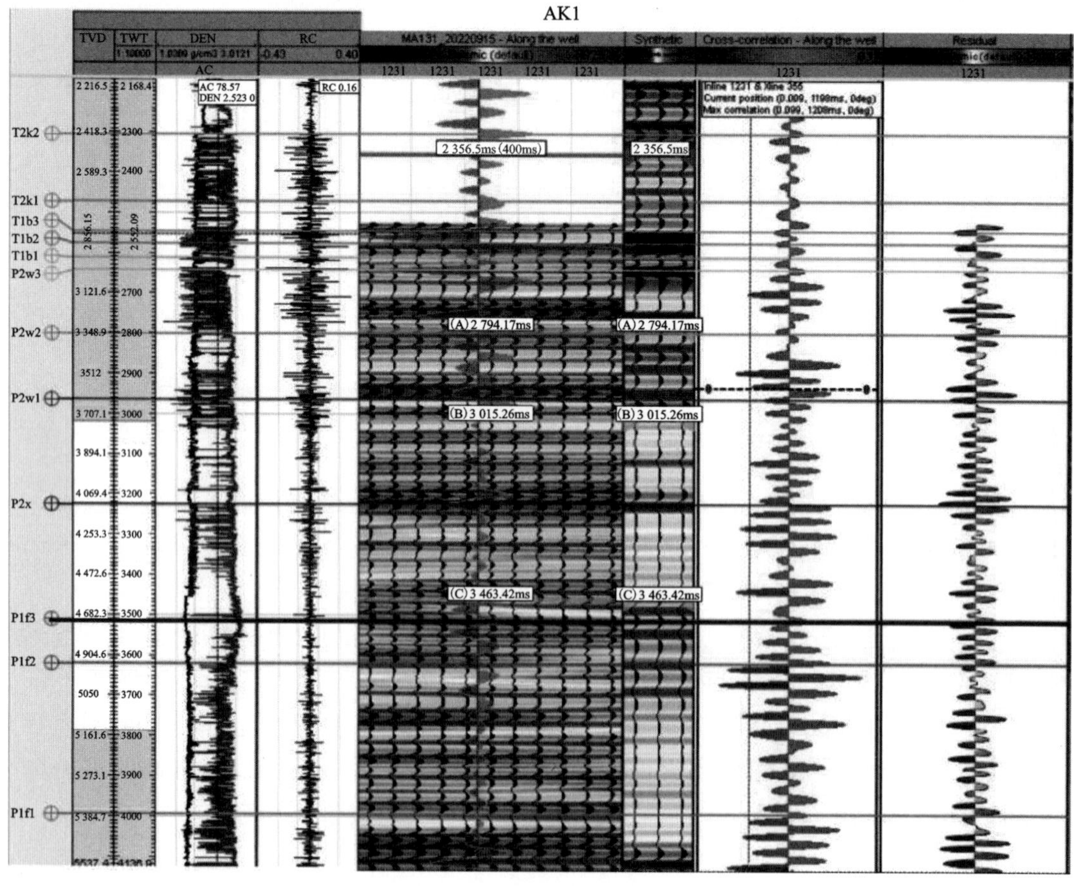


图 1-22　Petrel 中单井合成记录的制作

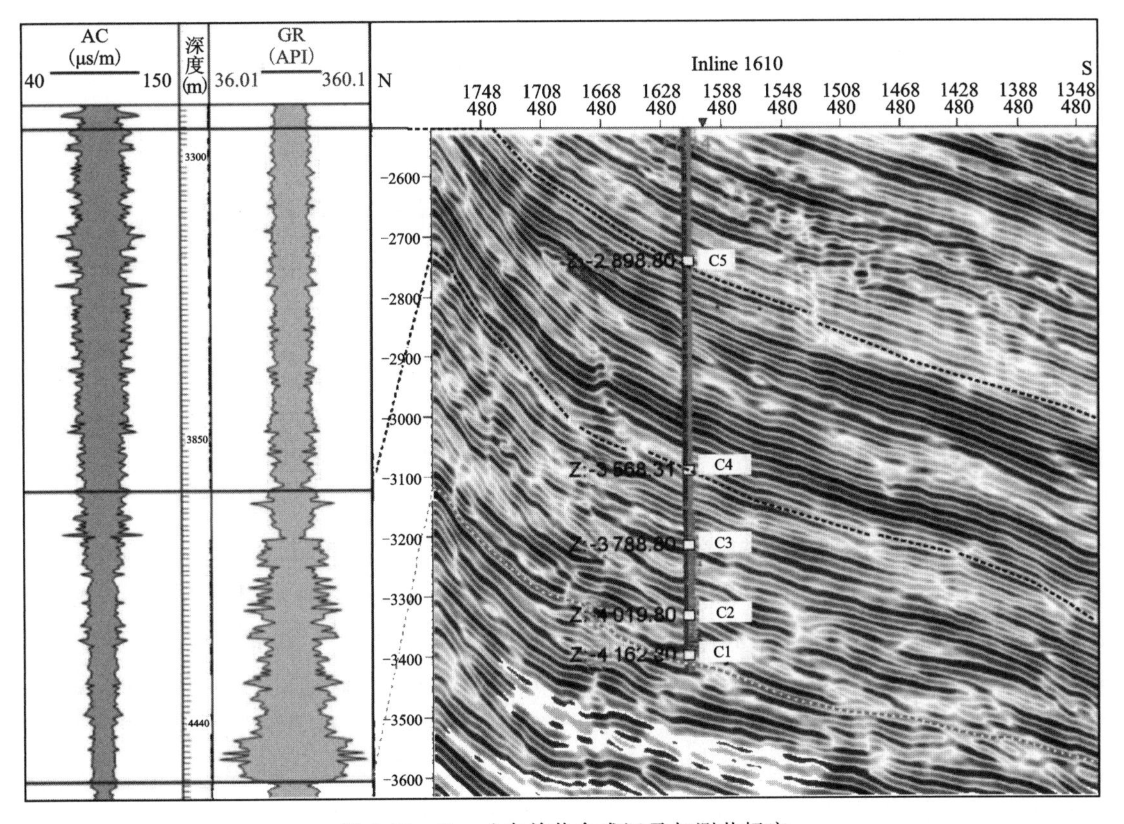


图 1-23　Petrel 中单井合成记录与测井标定

# 第二章　地震、钻井层序界面典型识别标志

层序界面的识别是层序地层学研究的基础，不同级别的层序反映了不同的地质历史演化和不同的沉积、构造演化，特别是层序地层界面和(最大)湖泛面界面是进行盆地级区域性层序地层等时对比的关键。

开展层序界面和不同级次层序地层单元的解释与识别，主要基于地震、测井、露头岩心、古生物、地球化学等5种资料，每种方法识别层序界面的精度、界面特征都各不相同。地震资料具有垂向、横向的连续性，识别标志有削截(削蚀、侵蚀)、上超、下超和顶超等终止反射方式，可以识别不同级次的层序地层单元；测井曲线具有良好的垂向连续性，其形态、幅度能够敏感、连续地反映所测地层的成层性和旋回性特征，可以识别不同级次的层序地层单元；露头资料具有高分辨率的特征，根据古风化暴露面、河床滞留沉积、相组合的转换、砂泥岩厚度旋回性的变化，可以进行层序地层单元的划分；古生物资料与年代具有良好的对应关系，在古生物资料丰富的情况下，根据生物化石、生物数量和生物种属的变化，可以进行层序地层单元的划分；应用地球化学资料，根据化学元素曲线形态和幅度的突变等特征，可以进行层序地层单元的划分。

本章主要介绍地震、钻井层序界面及层序地层单元识别标志，为后续层序地层学地震层序、钻井层序实践操作提供识别基础。

## 第一节　地震层序界面识别标志

层序是一套相对整合的、成因上有联系的、以不整合或与之可对比的整合的地层单元。

### 一、地震反射终止方式

地震反射终止方式的识别是层序分析方法的关键。根据地质事件在地震上的响应，地震波的关系可划分为协调关系和不协调关系。协调关系相当于地质上的整合接触关系，不协调关系相当于地质上的不整合接触关系。

地震反射终止方式主要有4类:削截、顶超、上超、下超。观察地震波的协调与不协调关系,辨别对应地质上的地层整合与不整合接触(图2-1)。

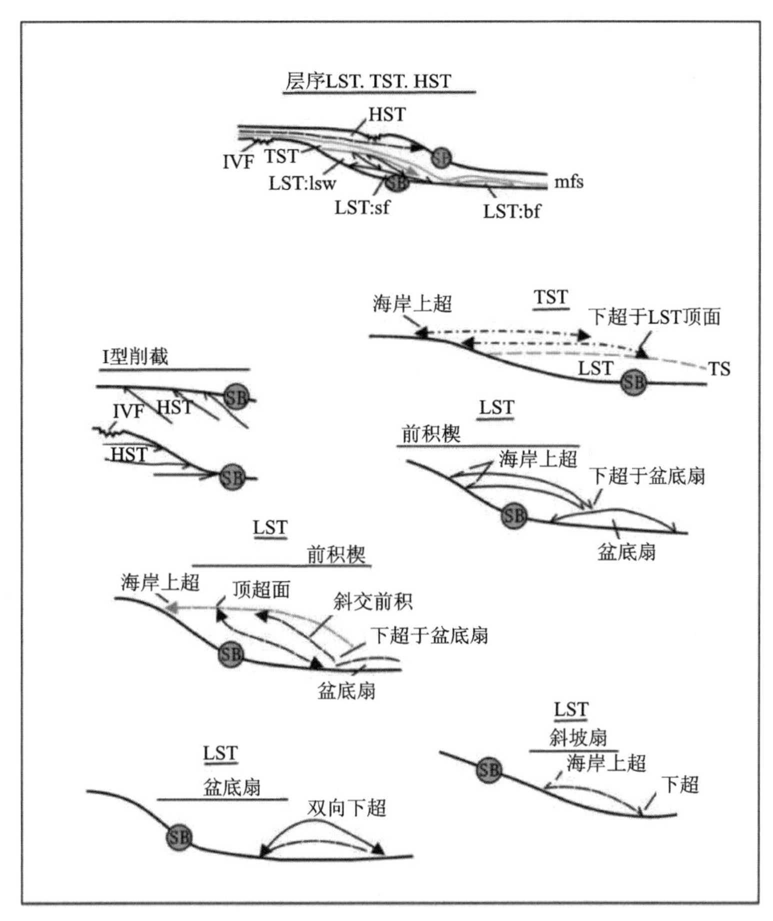


LST. 低水位体系域;TST. 海侵体系域;HST. 高水位体系域;IVF. 下切谷;sf. 斜坡扇;bf. 盆底扇;
mfs. 最大海(湖)泛面;lsw. 低水位楔状体;TS. 初始海(湖)泛面。

图2-1　层序内部地震反射终端模式(据徐怀大等,1990)

削截(削蚀、侵蚀):层序的顶部反射终止,既可以是下伏倾斜地层的顶部与上覆水平地层间的反射终止,也可以是水平地层的顶部与上覆地层沉积初期侵蚀河床底面间的终止。它代表一种侵蚀作用,说明在下伏地层沉积之后,经历过强烈的构造运动或者强烈的切割侵蚀(图2-2)。

顶超:下伏原始倾斜层序的顶部与由无沉积作用的上界面形成的终止观象。它通常以很小的角度,逐步收敛于上覆层底面反射上。这种现象在地质上代表一种时间不长的、与沉积作用差不多同时发生的过路冲蚀现象。顶超与削截的区别是它只出现在三角洲、扇三角洲沉积的顶积层发育地区。顶超与削截属地层与层序上界面的关系(图2-2)。

上超:层序的底部逆原始倾斜面逐层终止,它表示在水域不断扩大的情况下逐层超覆的沉积现象。根据物源远近,上超又可以区分为近端上超和远端上超。靠近物源称近端上超,远离物源称远端上超。只有当盆地比较小而物源供应充分时，沉积物才可能越过凹陷中心而到达彼岸，形成远端上超(图 2-2)。

下超：层序的底部顺原始倾斜面，向下倾方向终止。它亦可定义为层序内地层对底部界面向盆地方向的超覆(图 2-2)。

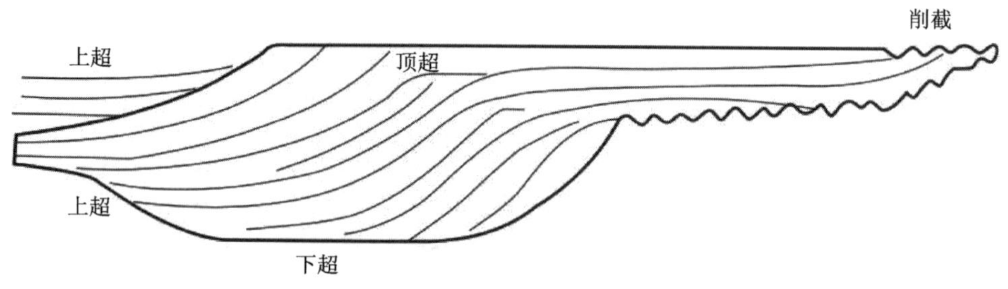


图 2-2　不同类型地震反射终止关系示意图(据 Brown，1979)

## 二、层序界面和体系界面的地震反射特征

层序界面、洪泛面界面具有强反射、界面上下反射差异大等特征，从陆架区到陆坡区，层序界面由不整合段和整合段组成。不整合段表现为中强振幅、中高连续地震反射特征。整合段表现为中弱振幅、中低连续地震反射特征，界面之上，多为上超反射、削截、下切谷、斜坡扇、盆底扇、低位进积楔等反射特征及沉积组合，界面之下，多为削截、顶超等反射特征(图 2-3)。因此，在陆架区、上陆坡和中下陆坡表现为两段性特点。

层序界面(SB)：陆架区＋上陆坡，中下陆坡层序界面具有两段性，陆架区＋上陆坡表现为不整合面和下切谷充填特征，中下陆坡表现为整合界面。

最大洪泛面(mfs)：陆架区为高连续、强振幅反射，陆坡区可见下超反射终止。

初次洪泛面(TS)：陆架区为下切谷充填的顶面，陆坡区为顶超反射。

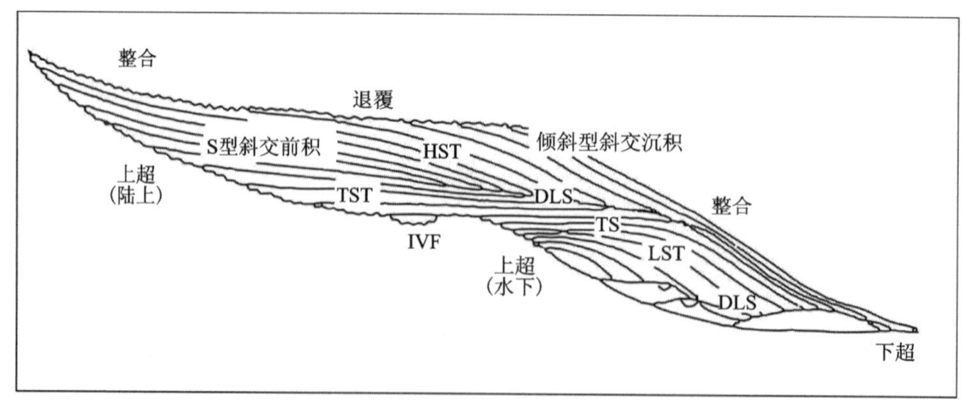


图 2-3　层序地层学内部组成、不同界面地震反射模式

# 第二节　钻井层序界面识别标志

测井资料蕴含着丰富的地质信息，单井层序地层学以测井曲线、钻井岩性、岩心、岩屑、沉积相、古生物等资料为主，辅以各种分析、化验、测试资料综合应用，对单井层序界面和不同级次层序地层单元进行识别、划分。其中，测井曲线作为钻井层序界面和层序单元解释的重要资料，其形态、幅度能够敏感、连续地反映所测地层的成层性和旋回性特征。

## 一、测井曲线形态

测井曲线要素主要有曲线的幅度、形态、光滑程度、顶底接触关系和包络线特征等（图 2-4）。这些要素是解释钻井层序界面和不同级次层序地层单元的基础。

### 1. 曲线的幅度

受地层的岩性、厚度、流体性质等因素控制，曲线的幅度主要反映出沉积物粒度、分选性及泥质含量等。高能环境下，物源丰富，颗粒较粗（砾岩、粗砂岩），泥质含量少，呈现高的负异常（自然电位）、高的电阻率和低的自然伽马射线强度等曲线特征，如辫状河环境。如果水流能量较弱，物源少，颗粒细（细砂岩、粉砂岩、泥岩等），泥质含量较高，呈低的负异常（自然电位）、低的电阻率和高的自然伽马射线强度等曲线特征，如河漫滩等环境，其往往反映沉积物被改造的程度。

### 2. 曲线的形态

层序特征（正旋回、反旋回、块状）的不同，反映在测井曲线上就是不同的测井曲线形态，主要有箱形、钟形、漏斗形等。

### 3. 顶底接触关系

单层砂岩的顶底测井曲线的形态反映砂岩沉积初期、末期水动力能量及物源供应的变化速度，它分为渐变型和突变型。底部渐变型又分为加速、线性和减速 3 种（表 2-1），反映曲线形态上的上凸型、直线型和下凸型。突变型往往表示砂体与下伏岩层之间存在突变（底部突变）或物源供应突然中断（顶部突变）。

### 4. 曲线的光滑程度

曲线的光滑程度属曲线形态的次一级变化，可分为光滑、微齿、齿化 3 级。

这里重点介绍测井曲线的形态变化，即表征层序界面和层序地层单元。测井曲线形态主要有箱形、钟形、漏斗形、复合型、齿形等（图 2-5）。

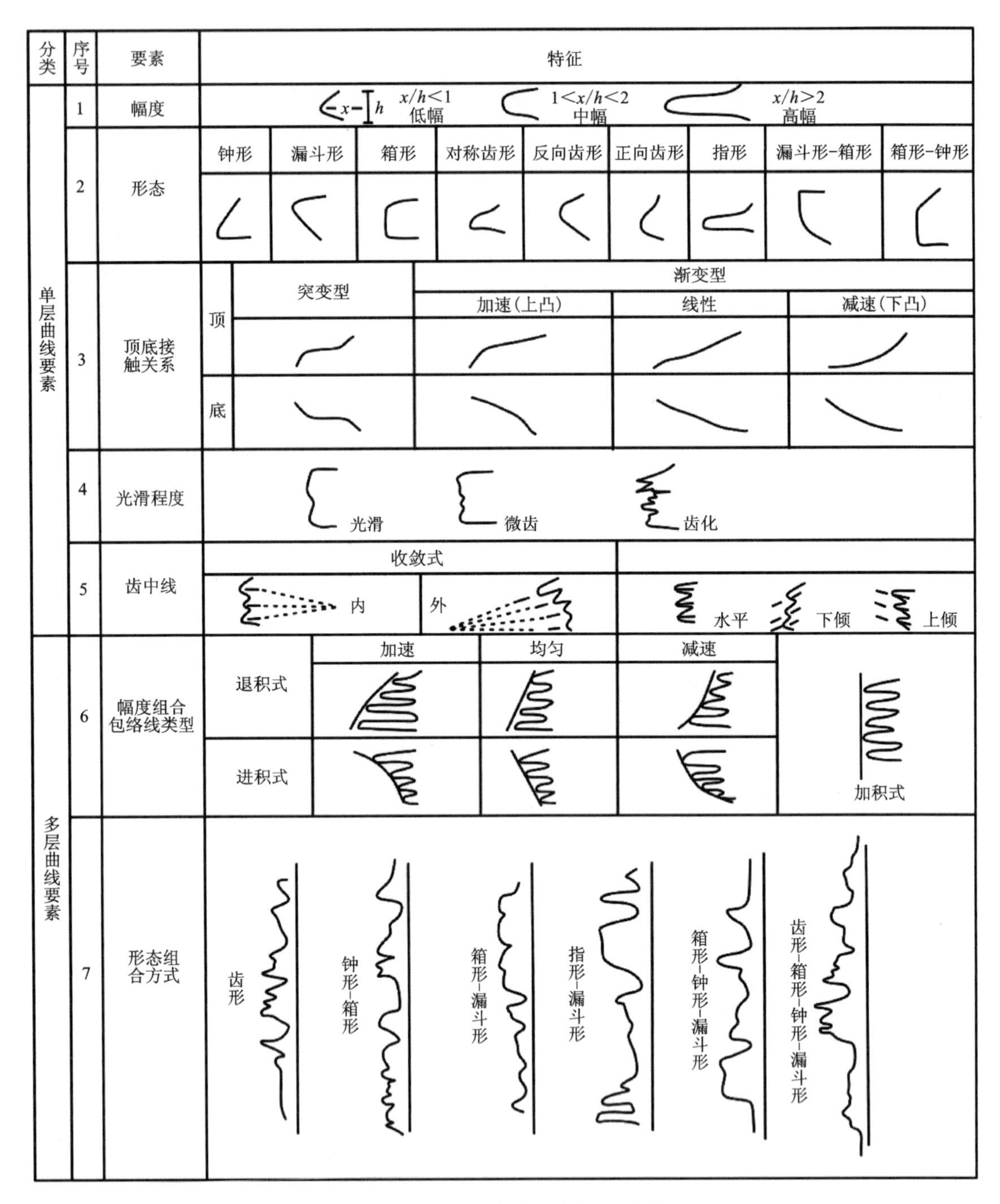


图 2-4　常规测井曲线要素类型及特征

(1)箱形:曲线顶底突变,内部自下而上不变或只是微齿化。它反映在沉积过程中物源供应丰富、水动力条件稳定下的快速堆积,或环境稳定的沉积,无粒序变化。箱形指示砂体内部比较均一,反映岩性组合为加积叠置样式,包括齿化箱形和圆滑箱形。

(2)钟形:测井曲线形态底部突变、最大,向上逐渐变小,垂向粒度变化为正粒序,砂体向上变细的特征,反映岩性组合为退积叠置样式。

表 2-1　曲线顶底接触关系及所代表的地质意义

| 接触类型 | | | 地质意义 |
|---|---|---|---|
| 突变型 | 顶部突变 | | 是沉积物供应突然中断的象征 |
| | 底部突变 | | 反映砂体与下伏岩层之间存在突变 |
| 渐变型 | 顶部渐变 | | 表明物源供应是逐渐减少，以至中断 |
| | 底部渐变 | 底部加速渐变 | 反映砂体的堆积速度越来越快 |
| | | 底部线性渐变 | 反映砂体的堆积是匀速进行的 |
| | | 底部减速渐变 | 反映砂体的堆积速度越来越慢 |

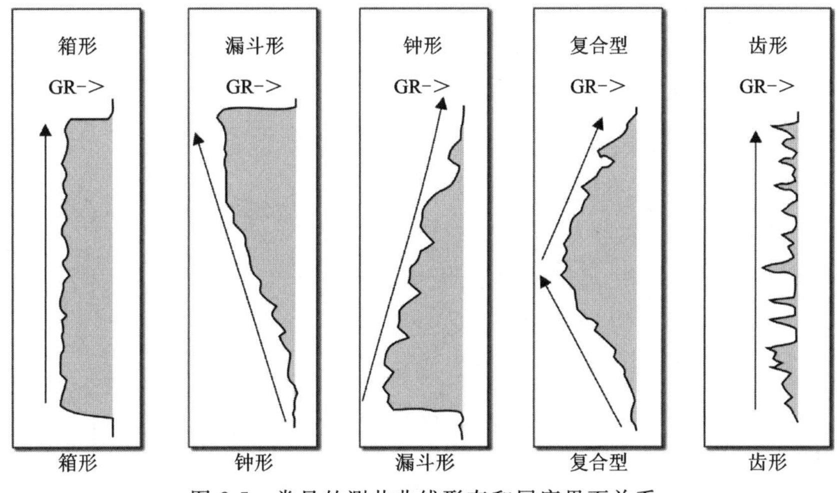


图 2-5　常见的测井曲线形态和层序界面关系

(3)漏斗形：与钟形相反，测井曲线形态顶部突变、最大，向下逐渐变小，垂向粒度变化为反粒序，反映水动力能量逐渐加强和物源区物质供应越来越丰富的沉积环境。漏斗形指示砂体向上变粗的特征，反映砂体不断向盆地进积的特征。

(4)复合型：表示由两种或两种以上的曲线形态组合，如下部为柱形，上部为钟形或漏斗形，表示一种水动力环境向另一种环境的变化，即对应于复合形态的测井曲线，由两条或两条以上钟形、漏斗形自然电位和自然伽马曲线连续变化组成。

(5)齿形：指示较纯的泥岩背景中发育薄层砂岩。

## 二、层序界面和体系域界面的测井曲线特征

### 1. 层序地层界面的测井曲线特征

层序界面在测井曲线上表现为明显的突变，层序底界面为箱形曲线或钟形曲线的底部，层序顶界面为箱形曲线或漏斗形曲线的顶部，反映垂向上层序界面上下岩石粒度的突变及沉

积相的突变(图 2-6)。不整合在自然电位曲线上表现出黏土基线的变化,或者是黏土放射性平均值的变化,或者是由自然伽马能谱测井显示出的钍与钾比值的变化。

**2. 体系域的测井曲线特征**

(1)体系域界面。层序由体系域组成。体系域是同期沉积体系的组合。最大海(湖)泛面与初始海(湖)泛面是将各体系域分开的界面。

最大海(湖)泛面(mfs)。最大海(湖)泛面(密集段)是在海(湖)平面快速上升,岸线不断向陆迁移,至最大限度时海(湖)平面所处的位置。密集段往往只有数 10cm 厚,通常靠高分辨率测井资料识别。最大海(湖)泛面常常位于密集段的中上部,由于密集段常为泥质沉积,在常规测井曲线上也有明显的特征,表现为高自然伽马、低自然电位和高的铀含量,视电阻率值多为低值或呈梳状或剪刀状特征。在测井曲线上称为"泥脖子"。但不同岩性的测井响应存在一定的差异。薄层钙质泥页岩或石灰岩在测井曲线上为低自然电位、高电阻率、高密度和高声速层,形态常呈尖峰状。较纯的泥岩为低自然电位、低电阻率层。另外,测井曲线形态分析表明,密集段位于层序测井曲线响应向上变细到向上变粗的转折点处。最大海(湖)泛面一般划分在"泥脖子"或大套泥岩的中部(图 2-6)。

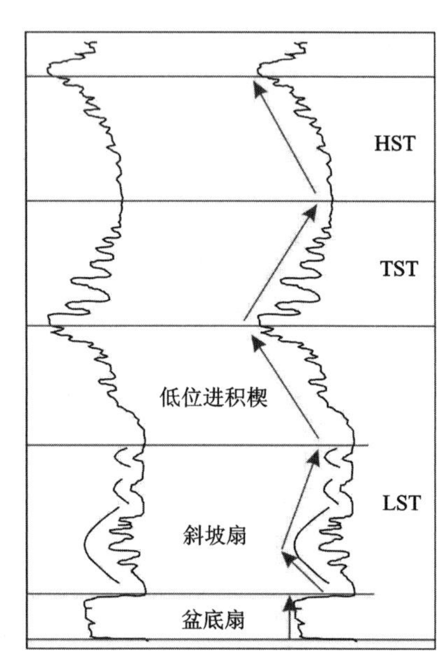


图 2-6　层序地层学内部组成、不同界面测井曲线响应模式

初始海(湖)泛面(TS)。确切地说,初始海(湖)泛面应是第一次大的海(湖)泛面,它是在基准面由缓慢上升转变为快速上升时形成的。界面上下地层的岩性、砂体叠置方式等有较大的区别。界面上下沉积物类型及沉积环境均存在明显的差异性。界面以下多为进积—加积式准层序组,界面以上变为典型的退积式准层序组。

(2)体系域内部构成。低位体系域(LST)的测井曲线总体上表现为进积和加积特征,曲线形态以箱形和钟形为主。下切谷(IVF)沉积测井曲线反映以河道类型为主,低水位楔(lsw)表现为快速海退滨岸特征,而斜坡扇(sf)、盆底扇(bf)则表现为浊流沉积的测井曲线组合(图 2-6)。

海侵体系域(TST)的测井曲线形态表现为几个准层序叠置而成的一套退积型测井曲线组合。自下而上的总体趋势是:自然伽马幅值不断增大,视电阻率幅值逐渐减小。说明陆源碎屑物不断减少,海洋作用逐渐增强,每个准层序界面都代表了一次海进事件。

高水位体系域(HST)的测井曲线形态表现为早期以加积型为主,晚期以进积型为主。自下而上的总体变化趋势是:自然伽马幅值不断减小,视电阻率幅值不断增大(图 2-6)。

# 第三节　地震相识别参数

地震相是由地震反射参数(振幅、频率、相位、同相轴以及反射结构等)所限定的三维地震反射单元,它是特定沉积相或地质体的地震响应。从研究层次上来看,地震相是地震层序或体系域的次一级单元,一个层序可以包含若干种地震相,这些地震相往往是特定沉积相的地震响应,因此对地震相的理解是应用地震相推断和划分沉积相的基础。地震相分析的目的是进行区域地层解释,确定沉积体系、岩相特征,解释沉积发育史,预测有利生储盖组合发育相带。

地震相分析就是利用地震反射结构、连续性、振幅、频率、层速度和外部几何形态等参数解释和分析不同参数组合所反映的地质意义,从而推断可能的沉积相。

地震相分析包括对地震资料的识别和沉积环境的理解,二者缺一不可,它大致可分为两个方面:①地震相分析前必须掌握沉积体系在三维空间分布的特点,了解各种沉积环境模式、地层组合模式、沉积发育模式等,之后才能进行地震地层学的解释;②地震相分析要掌握地震勘探的基本原理,了解各项地震参数所代表的地质意义。地震反射参数主要是指振幅、频率、相位、同相轴以及反射结构等。

## 一、外部几何形态

外部形态是识别沉积体的重要标志,通过研究地震相单元的外部几何形态及其空间展布,可以了解总的沉积环境、沉积物源和地质背景。外部形态是一个重要的地震相标志。不同的沉积体或沉积体系,在外形上是有差别的。即使是相似的反射结构,因为外形的不同,也往往反映完全不同的沉积环境。

外部几何形态可以分为席状、席状披盖、楔形、滩状、透镜状、丘形和充填型等(图 2-7)。

(1)席状(或板状):席状反射是地震剖面上最常见的外形之一,由一组平行和亚平行的地震反射同相轴组成,其主要特点是上下界面接近于平行,厚度相对稳定,一般出现在均匀、稳定、广泛的前三角洲、浅海口、半远洋和远洋沉积中,主要为质纯、层厚的泥岩夹薄层粉砂岩。

(2)席状披盖:反射层上下界面平行,但不整合覆盖在下伏沉积地层之上,它代表一种均一的、低能量的、与水底起伏无关的沉积作用。席状披盖一般沉积规模不大,往往出现在礁、盐丘、泥岩刺穿或其他古地貌单元之上。

(3)楔形:由一系列反射振幅较强、连续性中等的反射同相轴组成。特点是在倾向方向上厚度逐渐增大,而后地层突然终止,在走向方向上则常呈丘状。厚度一般向盆地方向变薄,剖面形态呈楔状。楔形代表一种快速、不均匀下沉作用,往往出现在同生断层下降盘、大陆斜坡侧壁的三角洲、浊积扇和海底扇中,是陆相断陷湖盆最常见的地震相单元。楔形相单元内部如为前积反射结构,常代表扇三角洲;如分布在同生断层下降盘,而且内部为杂乱、空白、杂乱前积或帚状前积,则是近岸水下扇、冲积扇或其他近源沉积体的较好反映。

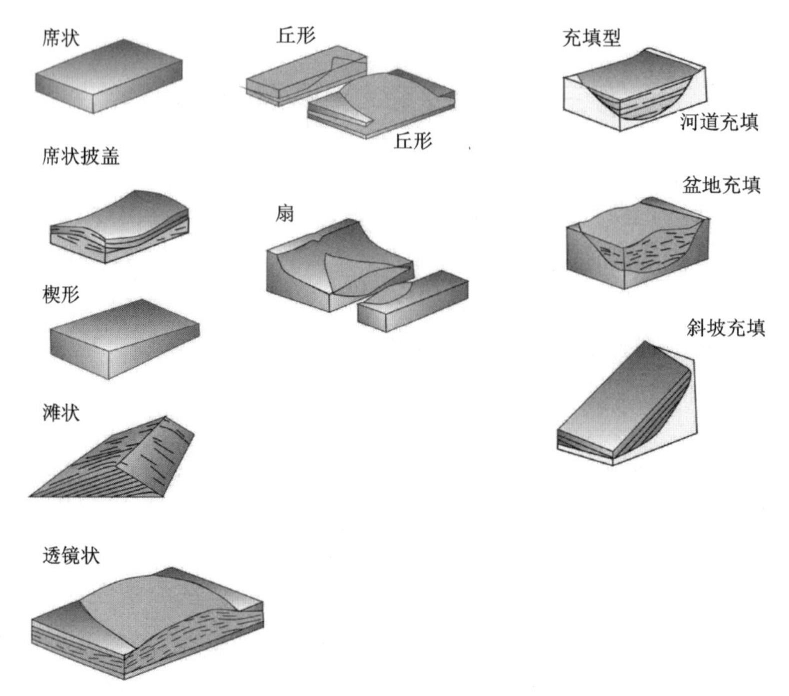


图 2-7　地震相分析的外部形态标志(据徐怀大等,1990 修改)

(4)滩状:滩状是楔形的一种,其特点是顶部平坦而在边缘一侧反射层的上界面微微下倾,厚度小,面积大。一般出现在陆架边缘、地台边缘和碳酸盐岩台地边缘。

(5)丘形:丘形是由一组披覆状的同相轴组成的,剖面显示中间厚、两侧薄的上凸丘形特征,上覆地层上超于丘形之上。特点是凸起或层状地层上隆,高出围岩。丘形与透镜状的区别是丘形具有平底,它的顶部突起,周围反射常从两侧向上披覆。大多数丘形是碎屑岩或火山碎屑岩的快速堆积或生物生长形成的正地形。不同成因的丘形体具有不同的外形,根据外形上的差异,可以分为简单扇形复合体(如水下扇、三角洲朵叶)、重力滑塌块体、等高流丘、碳酸盐岩岩隆(滩和礁)。丘状外形在断陷盆地边界也很常见。近岸水下扇、冲积扇等的走向剖面也常显示丘形。湖盆内部的中、小型三维丘状体,特别是在其顶面有披盖反射出现时,这是浊积扇的标志。

(6)透镜状:透镜状是一组亚平行反射中存在的较强振幅、延伸较短的地震反射同相轴,向两侧振幅减弱,直至尖灭。特点是中部厚度大,向两侧尖灭,外形呈透镜状。一般出现在古河床、沿岸砂坝处,有时在沉积斜坡上也可见到透镜体,是典型的河流相沉积体。

(7)充填型:充填型是一组平坦、倾斜及上凸的反射同相轴充填在明显下凹的沉积界面之上。根据外形的差别,它可划分为河道充填、海槽充填、盆地充填和斜坡前缘充填等。充填型代表各种成因的沉积体,如侵蚀河道、海底峡谷、海沟、水下扇、滑塌堆积等。河道充填的规模虽小,但意义重大。根据内部结构,充填型还可以划分为上超式充填、丘形上超充填、发散充填、前积式充填、杂乱充填和复合充填等。①丘形上超充填与沉积物两侧斜坡的重力下滑、丘形体中心和两翼沉积物的差异压实有关。但是最根本的原因还在于沉积物的局部地段堆积过快、过多。因此,一旦发现丘形充填应仔细研究,通过丘形体的纵横向测线,找出它们的物源，并恢复它们的古沉积体系，而不是简单地把它们的成因归结为构造力的横向挤压；②前积式充填是同一方向倾斜的地层超覆在下凹沉积界面之上，为深水沉积的席状反射；前积式充填往往与扇或三角洲有密切关系。研究盆地充填必须与盆地的性质紧密联系起来。就性质来说，盆地或凹陷有侵蚀型（如侵蚀谷）、坳陷型、地堑型、单侧断陷（箕状凹陷）型。不同性质的盆地（或凹陷、谷地、断陷、坳陷）对其上覆地层的充填类型有明显的影响；③上超式充填是平坦的反射同相轴双向上超在低凹的沉积界面之上，为深水浊积扇水道或深切谷的地震响应；④发散充填一般为盆地充填的地震响应，内部相邻两个同相轴的间距下向同一个方向倾斜；⑤杂乱充填一般为滑塌构造的地震响应，内部发射结构呈杂乱状、不规则状；⑥复合充填一般为前积式充填和丘形上超充填的复合。

## 二、内部反射结构

内部反射结构指地震剖面上层序内部反射同相轴之间的延伸情况和其相互关系。它们是鉴别沉积环境最重要的地震标志。Mitchum 等（1977）根据内部反射结构的形态，将其划分为平行、亚平行、发散、前积、乱岗状、杂乱状以及空白反射（无反射）6 种类型（图 2-8）。

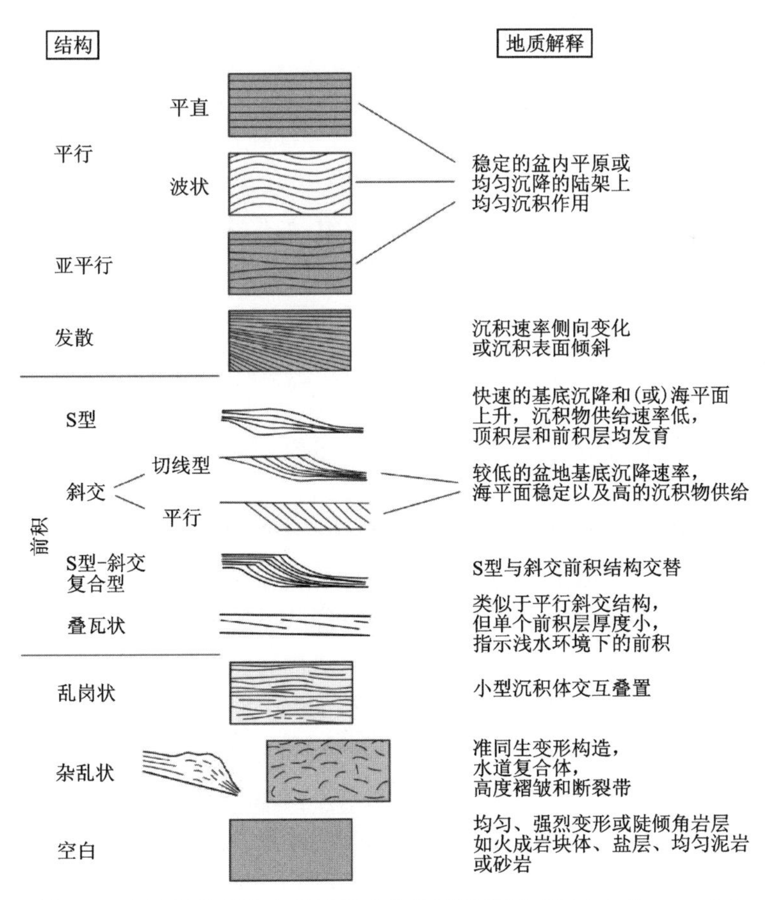


图 2-8　地震相分析的内部反射结构类型示意图（据徐怀大等，1990 修改）

(1)平行与亚平行反射结构:反射层由一组平行和亚平行的地震反射同相轴构成,地震相为中强振幅、中高连续性、近平行反射结构,以反射层平行或微微起伏为其主要特征。它往往出现在席状、席状披盖及充填型单元中。平行与亚平行反射结构代表均匀沉降的陆架三角洲台地或稳定的盆地平原背景上的匀速沉积作用。

(2)发散反射结构:发散反射结构特点是相邻两个反射层的间距下向同一个方向倾斜,横向加厚是由于单元内每个周期的增厚造成的,而不是由底面或顶面上的上超、顶超或侵蚀造成的。一般在收敛的方向上反射层突然终止。出现这种现象可能是地层厚度向上倾方向变薄、低于地震分辨率的原故。反射层呈现向湖盆方向增多并加厚而向盆地边缘厚度减薄且出现非系统性终止的反射,发散地震相反射振幅强,连续性好。发散反射结构一般出现在楔状单元中,表明沉降速度差异不均衡沉积。

(3)前积反射结构:前积反射结构是由一组向同方向倾斜的同相轴组成的,在前积反射的上部与下部常有水平或微倾斜的顶积层和底积层。前积反射结构通常反映某种携带沉积物的水流在向前(向盆地)推进(前积)的过程中由前积作用产生的反射结构,这种反射结构在地震剖面上最容易识别。它在倾向剖面上相对于其上下反射层系均是斜交的,Rich(1951)称为退覆反射或倾斜型反射层系,它是陆架-台地或三角洲体系向盆地方向迁移过程中沉积在前三角洲或大陆坡环境内岩相的地震响应。根据内部形态上的差别,前积反射结构可以划分为S型、S型-斜交复合型、切线斜交型、平行斜交型和叠瓦型5种。

S型前积反射结构:特点是总体为中间厚、两头薄的梭状,前积反射层呈S型,近端顶超,远端下超,一般具有完整的顶积层、前积层和底积层。这种结构连续性中到好,振幅中到强,周期宽,向盆地方向则逐渐变窄。它意味着较低的沉积物供给速度及较快的盆地沉降,或快速的水面上升,是一种代表较低水流能量的前积结构,如代表较低能的富泥河控三角洲或三角洲朵状体间沉积。该反射结构横向变化,向上游呈S型-斜交复合型结构,向下游往往过渡为平行结构,倾角小于1°。

斜交型前积反射结构:由一组相对平直倾斜的同相轴组成,上倾方向与上覆层顶超,顶超点不断向湖盆中心迁移,下倾方向反射层倾角逐渐变缓。这种结构一般反映沉积物供给速度快的强水流环境。它包括切线斜交型和平行斜交型两种。切线斜交型无顶积层,只保留底积层,具有低角度切线状下超。

切线斜交型反射结构:由斜交型派生出来的一种反射结构,其特点是无顶积层,有前积层,在前积层的下部倾角逐渐减小,过渡为倾斜平缓的底积层,呈切线型下超。切线斜交型与平行斜交型相似,同样代表快速堆积高能量的沉积机制,所不同的是底部能量减弱。因此,切线斜交型水流能量小于平行斜交型。

平行斜交型反射结构:由很多相对倾斜而又互相平行的反射组成,其上倾方向对上界面顶超或削蚀,下倾方向下超下界面之上,即没有顶积层也就没有底积层,只有倾斜的前积层。前积层的视倾角最大可达10°。地震反射连续性较差,振幅较弱,周期短,向盆地方向变窄。斜交型前积代表沉积物供应速度快,水流能量大,改造作用较强的沉积条件。

S型-斜交复合型反射结构由S型与斜交型前积组合而成,其特点是S型与斜交型反射层交互出现。地震反射振幅中—强、连续性好。它是由物源供给充足的高能沉积作用与物源供给减少的低能沉积作用或水流过路冲刷作用周期性交替造成的。由于冲刷部分顶积层，顶积层常不发育。水流能量高于S型但低于斜交型。

叠瓦型反射结构：特点是在两个平行的上下界面之间，有几组微微倾斜的、互相平行的、不连续的反射层，这些斜反射层延伸不远，相互之间有部分重叠，它们无顶积层也无底积层，只有前积层，每一组前积层沉积完之后，相继沉积后一组前积层。该反射结构代表一种浅水环境下的短期强水流堆积。它代表斜坡区浅水环境中的强水流进积作用，具有河流、缓坡三角洲或浪控三角洲的特征。

前积反射结构在不同方向的测线上，表现形式不同。顺物源方向上是由一组向同方向倾斜的、同相轴形成的、明显的前积反射结构，前积反射结构通常反映某种携带沉积物的水流在向盆地推进（前积）的过程中由前积作用产生的反射结构，在倾向上呈前积型（图2-9A～C），在走向上则呈丘形（图2-9D）。只有在平行水流的顺物源方向的剖面中才有可能发现前积结构，因而一个前积反射结构的发现常意味着一个沉积体（系）的发现。

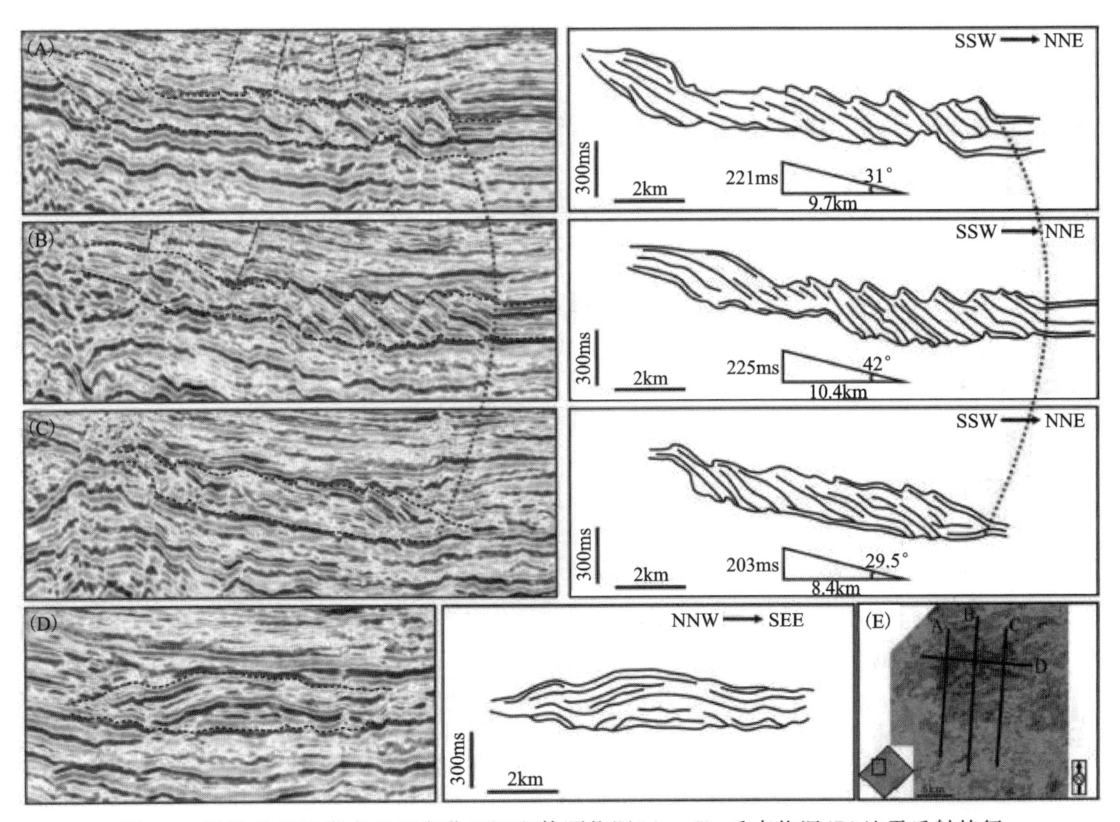


图2-9　渤海湾盆地渤东地区东营组沉积体顺物源（A～C）、垂直物源（D）地震反射特征

（4）乱岗状反射结构：由不规则的、不连续亚平行的反射组成，常有许多非系统的反射终止和同相轴分裂现象，波动起伏幅度小，接近地震分辨率的极限。乱岗状反射结构侧向为规模比较大的、具有明显的斜坡沉积环境，向上递变为平行反射。该种反射结构代表一种分散弱水流或河流之间的堆积，解释为前三角洲或三角洲之间的指状交互的较小的斜坡朵叶地层。

(5)杂乱状反射结构:特点是不连续的、乱岗状的、杂乱状的、不规则的反射,振幅小而强。它可以是地层受剧烈变形破坏了连续性之后造成的,也可以是在变化不定相对高能环境下沉积的,在滑塌构造,浊流,泥石流,切割与充填河道综合体,高度断裂的、褶皱的或扭曲的地层中,都有可能产生这种反射结构。

事实上,许多火成岩侵入体,泥丘(盐岩)刺穿以及深部地层都可能出现杂乱状反射结构。这些地质体本身可能是均质的或成层的,但因为它们反射能量太弱,低于随机噪声的水平,而呈现不规则的杂乱结构。另外盐体与围岩界面不规则也是形成杂乱反射的原因。

(6)空白反射(无反射):是由缺乏反射界面造成的,反映了纵向上沉积作用的连续性。如厚度较大的快速和均匀的泥岩沉积,它们有利于碳氢化合物的生成和超压带的形成。无反射有时也反映均质的、无层理的、高度扭曲的或者倾角很陡的砂岩、泥岩、盐岩、礁和火成岩体。这些岩层或岩体的顶底界常有强反射。

## 三、振幅

根据物理学可知,振幅能量的大小与振幅平方成正比。振幅直接与波阻抗差有关,波阻抗差高,则振幅强,波阻抗差低,则振幅弱。振幅与界面的反射系数成正比,反射系数越大,振幅越强。由于振幅中包括反射界面上、下层岩性,岩层厚度,孔隙度及所含流体性质等方面信息,因此可用振幅信息来预测岩性横向变化。依据振幅的强度与丰度标准等振幅信息判别岩性及主要沉积环境。振幅的快速变化说明两组地层之中的一组或两组地层的性质发生了巨大变化。相反,振幅在大面积内是稳定的,说明上覆和下伏地层岩性之间连续性良好,岩性和物性在横向上变化不大。

振幅可以分为强、中、弱 3 个级别(图 2-10)。

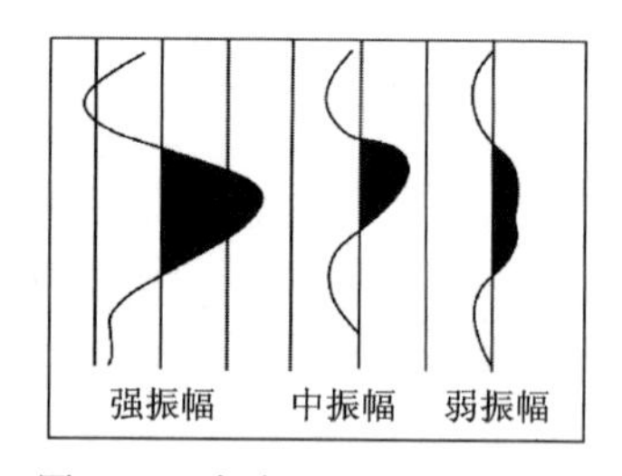


图 2-10 振幅强弱分类示意图
(据徐怀大等,1990)

(1)强度标准。

强振幅:时间剖面上相邻地震道振幅重叠在一起,无法分辨;时间剖面上振幅超过一个地震道(>整个间距)。

中振幅:相邻地震道部分重叠,但可用肉眼分辨;振幅在 1/2～1 个地震道之间(>1/2 间距)。

弱振幅:相邻地震道相互分离;振幅小于 1/2 地震道间距(<1/2 间距)。

(2)丰度标准。在一种地震相中,强振幅同相轴占 70%以上称为强振幅地震相;弱振幅占 70%以上称为弱振幅地震相;介于两者之间为中振幅地震相。

## 四、连续性

连续性是指同相轴连续的范围。连续性直接与地层本身的连续性有关,连续性越好,沉积的能量变化越低,沉积条件就越是与相对低的能量级变化有关。反射同相轴的连续性反映了不同沉积条件下地层的连续程度及沉积条件变化，它与地层本身的连续性有关。一般情况下，反射波连续性好，说明地层连续性好，为沉积条件稳定的较低能环境；反射波连续性差代表较高能的不稳定沉积环境。

根据同相轴连续排列的长短分为连续性好、连续性中、连续性差3级(图2-11)。

(1)长度标准。

高连续性：同相轴连续长度大于600m。

中连续性：同相轴长度接近300m。

低连续性：同相轴长度小于200m。

(2)丰度标准。

连续性好：连续性好的同相轴在一个地震相中占70%以上。

连续性差：连续性差的同相轴在一个地震相中占70%以上。

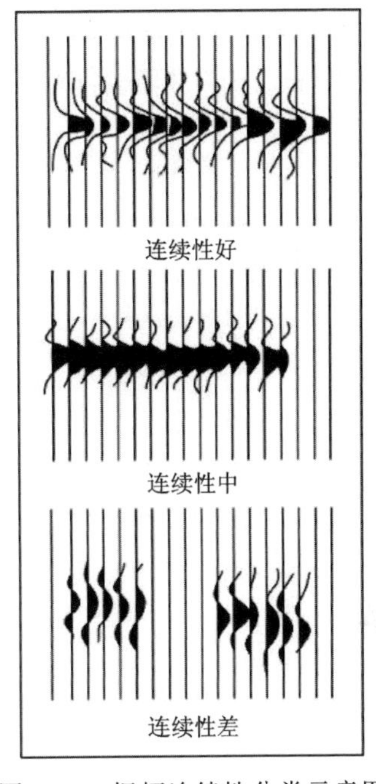


图2-11 振幅连续性分类示意图
(据徐怀大等，1990)

## 五、频率

频率表示质点在单位时间内振动的次数，而视频率指的是地震时间剖面中反射同相轴呈现的频率。在一定程度上频率与地层结构、反射层厚度、层速度变化等地质因素有关。频率横向变化小，说明地层稳定，往往产生在低能沉积环境中；频率横向变化大，说明岩性快速变化，一般产生在高能沉积环境中。

频率按相位排列稀疏程度分为高频、中频、低频3级(图2-12)。

高频：相邻同相轴紧密排列，“能量团”前部呈尖锋状。

中频：相邻同相轴间距相等，“能量团”前部较钝。

低频：相邻同相轴间距稀疏，“能量团”前部钝圆。

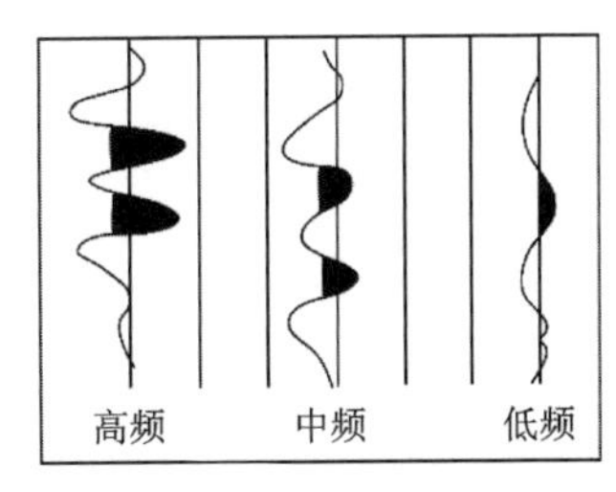


图2-12 频率分类示意图
(据徐怀大等，1990)

## 六、地震相的命名

以上所讲的几项地震相划分标志中，外部几何形态和内部反射结构划分地震相时会比较直观。由于不同沉积相都有其独特的堆积几何形态和内部结构，因此受到国内外地震地层学家的广泛应用。振幅、频率等参数受客观和主观因素影响较大，如野外激发条件、使用仪器型号、性能以及处理资料选取参数的变化，带来某些多解性。因此，二者只有互相配合、综合解释才能获得比较好的效果。

因此，地震剖面识别沉积体时以内部反射结构或外部形态为主，辅以连续性、振幅、频率等。一般采用突出主要特征的复合命名法。在地震相参数中，反射结构和外形最为可靠，其次为连续性和振幅，频率可靠性最差。

命名原则：①分布较局限，具特殊反射结构或外部形态的地震相，可单独用内部反射结构或外部形态命名，如充填相、丘状相、前积相等，也可以将连续性、振幅等作为修饰词放在前面，如高振幅中连续前积相；②分布面积较广，外部形态为席状，反射结构为平行、亚平行时，可主要用连续性和振幅命名，如高振幅高连续地震相。

# 第三章 实习操作

## 第一节 概 述

地震资料的构造解释是利用地震波的反射时间、同相性、波速等运动学信息，研究地层界面的分布范围、起伏形态和断层发育情况，并把地震时间剖面中的旅行时间转变成地层界面的深度，绘制地质构造图，为寻找构造油气藏提供资料。

地震资料构造解释的核心是通过地震勘探提供的时间剖面和其他物探（重力、磁法）资料，以及钻井地质资料，结合盆地构造地质学的基本规律，包括区域的、局部的各种构造地质模型，解决盆地内有关构造地质方面的问题。地震构造解释是构造成图、属性分析、储层预测、建模和地震反演的基础。

层序地层学是以地层层序为研究目标的地层学分支学科。层序地层学解释是指以地质露头、钻井、测井和地震资料为依据，结合有关沉积环境和岩相古地理信息对年代地层格架、沉积模式及岩相分布模式进行研究和分析并对石油天然气储层进行描述。层序地层学解释是构造分析和储层预测之间的桥梁。基于层序地层学理论的地震资料解释是现阶段最有效的隐蔽性油藏区域勘探方法。以层序地层学理论与方法为基点，通过建立等时层序格架，研究盆地沉积体系的空间展布特征和演化规律，预测生油相带、储集相带的展布和隐蔽圈闭发育的有利区，结合盆地的构造演化史和油气成藏条件分析，综合高分辨率测井层序、地震层序、地震相和沉积相分析，是目前解决隐蔽油气藏勘探问题的最佳途径。与传统的构造分析相比，层序地层学分析在隐蔽油气藏储层预测与地层、岩性圈闭识别方面提供了一种新的分析方法，其最有价值的特点在于对隐蔽圈闭的有利区进行判断和识别。层序地层学从盆地规模的地震地层学不断向储层规模的高分辨率层序地层和储集体分布预测的方向深化，减少了盆地分析中日益增加的隐蔽油气藏的勘探风险，可以优选开发方案并预测剩余油气的分布。近年来，高分辨率层序地层学已成为油气勘探领域中最重要的一个发展方向，它通过精确地建立高分辨率等时层序地层格架和岩相格架，客观地分析等时地层格架内的体系域和沉积体系的分布规律，尤其是通过地震反射终止和界面的精细识别、追踪和对比沉积体系及重要的沉积体在三维空间上的展布及其内部特征的精细研究，进而达到更有效地预测储层的空间展布和储盖组合的目的。因此,层序地层学解释技术对基于地震资料的构造分析、储层预测、构造演化与沉积相分析具有重要作用。

## 第二节 典型构造样式

### 一、断层形态与性质

断层是指岩层或岩体在应力作用下产生的破裂或流变带,其两侧的岩块具有明显位移的构造形态。断层的几何要素有断层面、断层带、断盘、位移。按照断层两盘相对运动表现形式,断层可以分为正断层、逆断层和走滑断层。

(1)正断层(normal fault)。正断层是上盘沿断层面相对向下位移,下盘则相对向上滑动(既上盘下降,下盘上升)的断层(图 3-1)。正断层主要是在盆地伸展和重力作用下形成的。单一正断层剖面几何形态可分为平面式、铲式和座椅式;正断层之间剖面上可表现为对断式、背断式和同断式;主断层与次断层在剖面上可呈现多种组合类型,如马尾巴状、羽状、阶梯状和"Y"字形组合等。

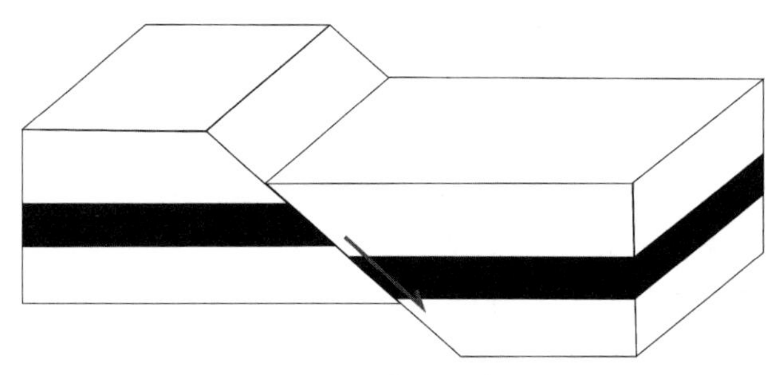

图 3-1 正断层示意图

(2)逆断层(thrust fault)。逆断层是上盘沿断层面相对向上位移,下盘则相对向下位移(即上盘上升,下盘下降)的断层(图 3-2)。根据断层面倾角大小,它又可分为高角度逆断层(倾角>45°)和低角度逆断层(倾角≤45°),其中位移距离很大的低角度逆断层又称为逆冲断层。逆断层的剖面组合形式有对冲式、背冲式、双冲式、叠瓦式、平冲式或顺层式。

(3)走滑断层(strike slip fault)。走滑断层是指断层两盘地层基本上顺断层走向相对滑动的断层,也称为平移断层(图 3-3)。走滑断层在位移过程中也会进一步引起两盘断块或走滑断层上覆地层的变形。走滑断层的走向和地层倾角指向的关系不同时的剖面特点是:断层的走向和地层的倾角指向一致时,若断面倾斜,上盘沿地层下倾方向运动,则垂直断层走向的剖面呈现逆断层的特点;上盘沿地层上倾方向运动,则垂直断层走向的剖面呈现正断层的特点。位移矢量向左的断层称为右旋走滑断层;位移矢量向右的断层称为左旋走滑断层。

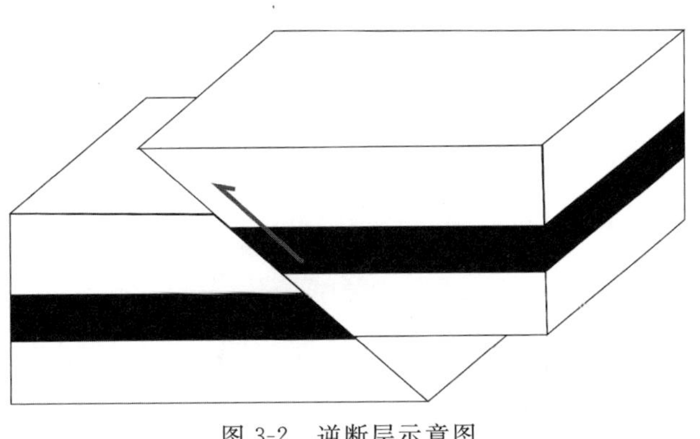

图 3-2　逆断层示意图

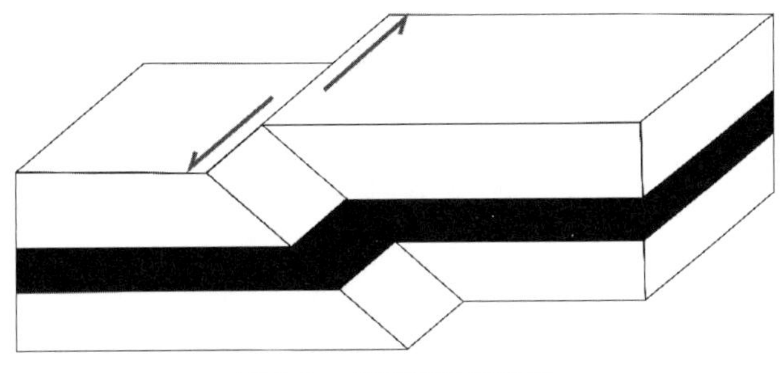

图 3-3　走滑断层示意图

## 二、断层在地震剖面上的识别标志

地震剖面上断层特征与地质剖面特征相对应。一般情况下，地层错断，反射波同相轴亦发生错断，地层破碎带的地震波同相轴发生畸变或出现反射空白带。断层在时间制面上显示特征多种多样，现将主要的规律性特点归纳如下。

(1)反射波发生错断。由于断层的规模、级别大小不同，可表现为反射标准层的错断和波组、波系的错断。若断层两侧波组关系是相对稳定的、特征是清楚的，则一般是中、小型断层的反映。它的特点是断距不大，延伸较短，破碎带软窄。如图 3-4 所示，由 A、B、C 三个波组构成的波系发生错断，表明存在断层。

(2)反射波同相轴数目突然增加、减少或消失。波组间反射波同相轴数目发生突变，表现为上盘同相轴数目逐渐增多，下盘同相轴数目突然减少，这一般是盆地或凹陷内同生正断层的地震剖面特征(图 3-5)。

(3)反射波同相轴形状突变，反射零乱并出现空白反射。由于断层错断引起两侧地层产状突变，或断层的屏蔽作用造成下盘反射间相轴零乱并出现空白反射，一般指示为边界同生大断层。这主要由断层下盘长期隆升剥蚀为基底变质岩、火成岩或其他褶皱岩系组成，不具备形成层状地震反射的条件；对于落差上千米的控盆或控制边界大断层，断层两边波组不能一一对应，下盘往往会缺失某些层位的地震反射。它的特点是断距大、延伸长，可控制盘地边界或二级构造单元。

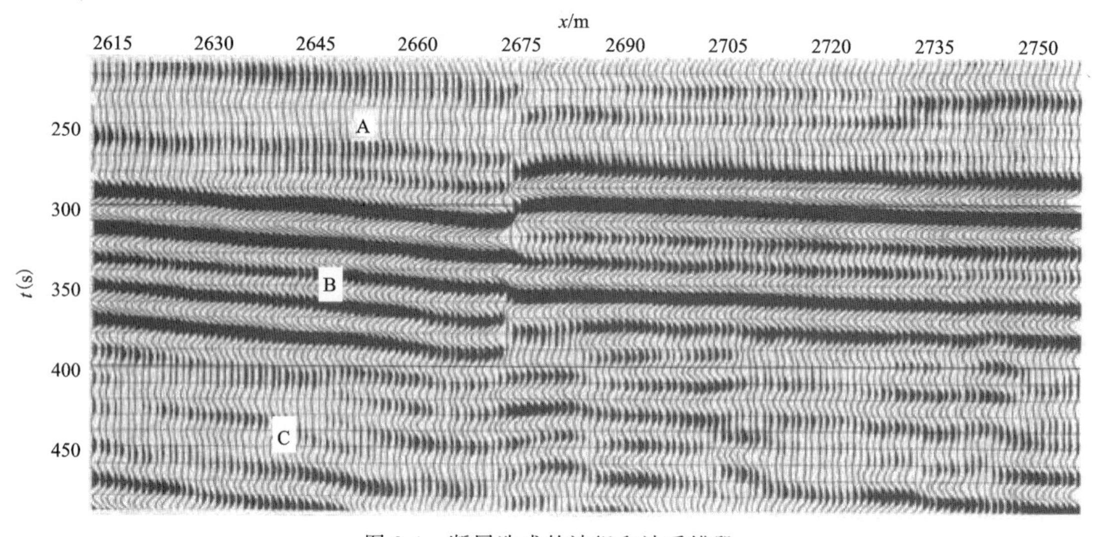


图 3-4　断层造成的波组和波系错段

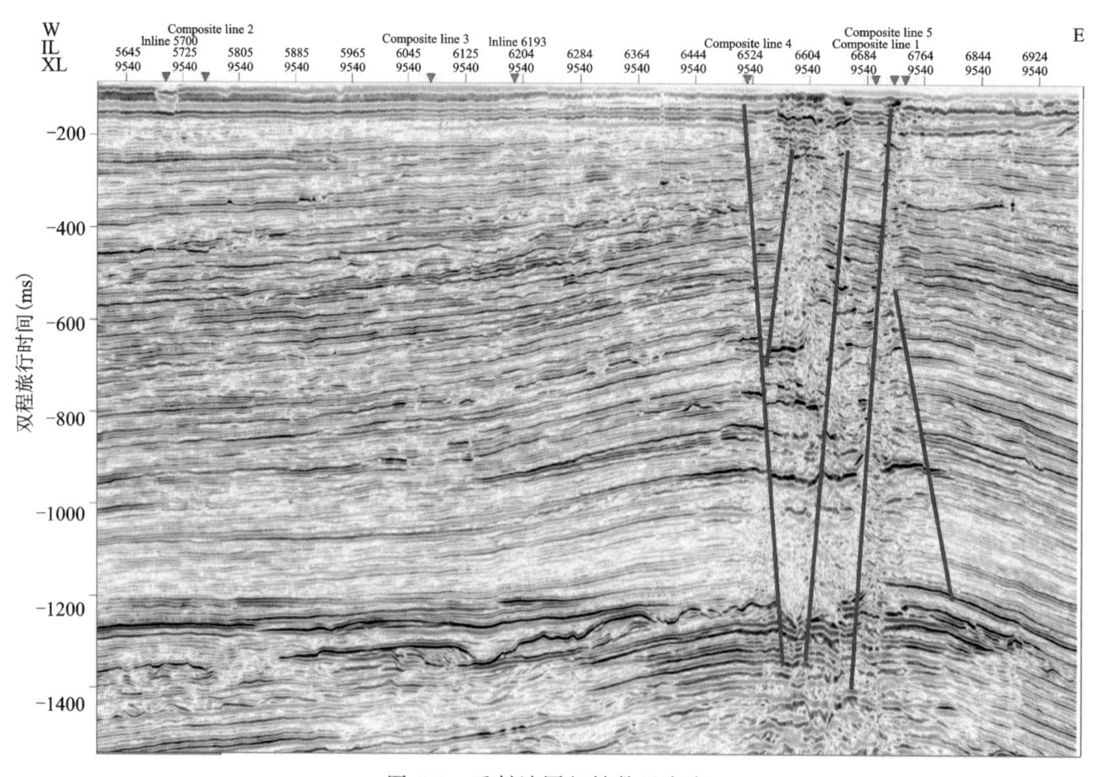


图 3-5　反射波同相轴数目突变

(4)反射波同相轴发生分叉、合并、扭曲和强相位与强振幅转换等,一般是小断层的反映(图 3-6)。但有时这类变化可能是由地表条件或地下岩性变化以及波的干涉引起的,解释时要注意区别。

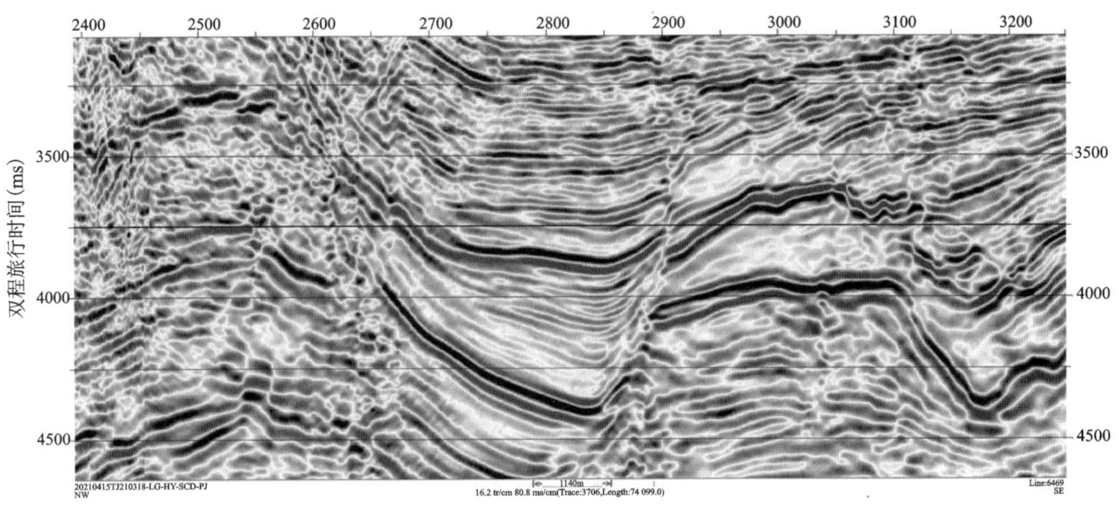


图 3-6　同相轴扭曲错断

(5)异常波的出现。时间剖面上反射波错断处往往发育异常波,最常见的是断面波、绕射波。这些特殊波的出现是识别断层的一种标志,但同时也使地震记录复杂化。

## 三、典型断层的剖面解释

### 1. 生长断层

生长断层(contemporaneous fault)是一种张性环境下形成的同沉积断层,主要发育于沉积盆地的边缘。生长断层的形成机理主要有两种:一种是受区域构造运动控制,由于地壳的垂直运动产生的基底断裂,上沉积盖层发育生长断层;另一种是沉积盖层自身的重力以及由此产生的重力滑动、沉积压实、异常孔隙流体压力和塑性流动而形成的生长断层。根据主干生长断层和次级小型断层组合也可以形成多种断裂组合样式,如阶梯状组合断层带、Y 型组合断层、多米诺式断层带和地堑、地垒构造组合样式。如图 3-7 所示为东海陆架盆地南部生长断层形成的阶梯状断层组合。断层在主测线剖面上呈阶梯状样式,从缓坡带向盆地凹陷中心方向依次叠置分布,构成一系列类似台阶形态的断阶带。

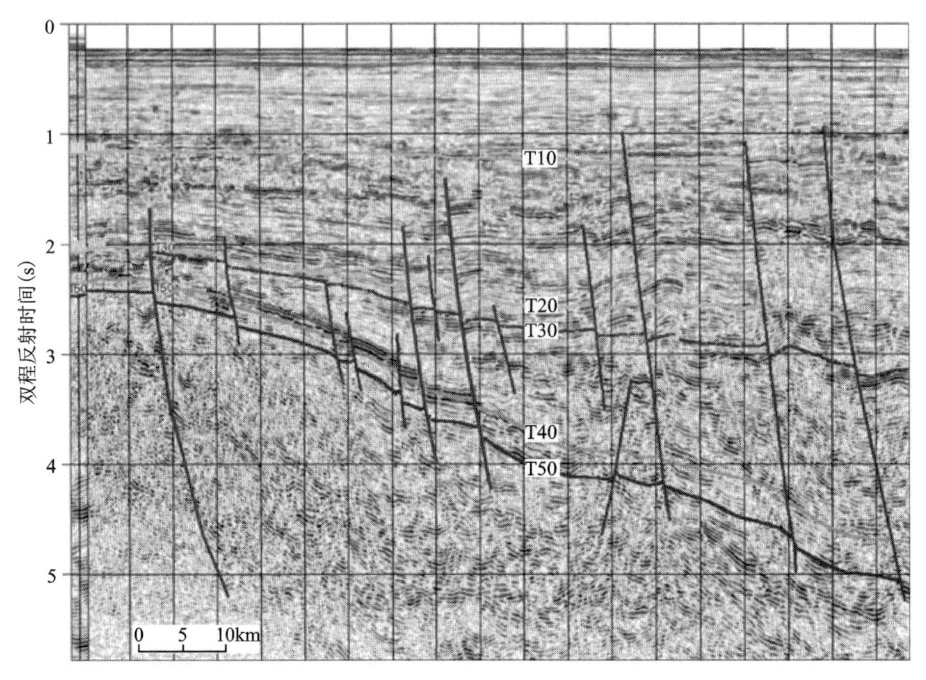


图 3-7 东海陆架盆地南部区域阶梯状断层样式生长断层分布图(据冉伟民等,2019)

生长断层在地震剖面上的一般识别标志有:①生长断层上盘地层增厚,时间剖面上相应层段地震反射同相轴增多,时差增大。②剖面形态上陡下缓,凹面向盆地中心方向,顶部角度达 60°,底部收敛于地层面或不整合面。③由于逆牵引作用,近断层处上盘反射层形成逆牵引背斜,逆牵引背斜的脊轴与断层平行,且随断层位移而位移;在不发育逆牵引的剖面上,上盘反射同相轴向断层超覆或上翘。④在塑性泥岩发育区,断层面消失在欠压实泥岩层中。泥岩塑性体一般为空白反射或紊乱反射,无明确分界线,且层速度相对较低。

**2. 逆冲断层系**

逆冲断层系主要与区域挤压应力作用有关,其表现特征主要有两类:一类是高角度的逆冲断层或称逆断层;另一类是低角度的逆冲断层或称逆掩断层。高角度逆冲断层一般与基底断裂或基底断块的挤压逆冲活动有关;低角度逆冲断层与基底和表层滑脱或挤压揉皱变形等因素有关。

逆冲断层系在挤压应力作用下,大多数情况地层会变形,断层和构造均较复杂,加上受地面条件的制约,剖面的反射质量均较好,需要通过较详细的地质调查和构造分析,来建立典型的构造样式剖面,进而指导解释(图 3-8)。

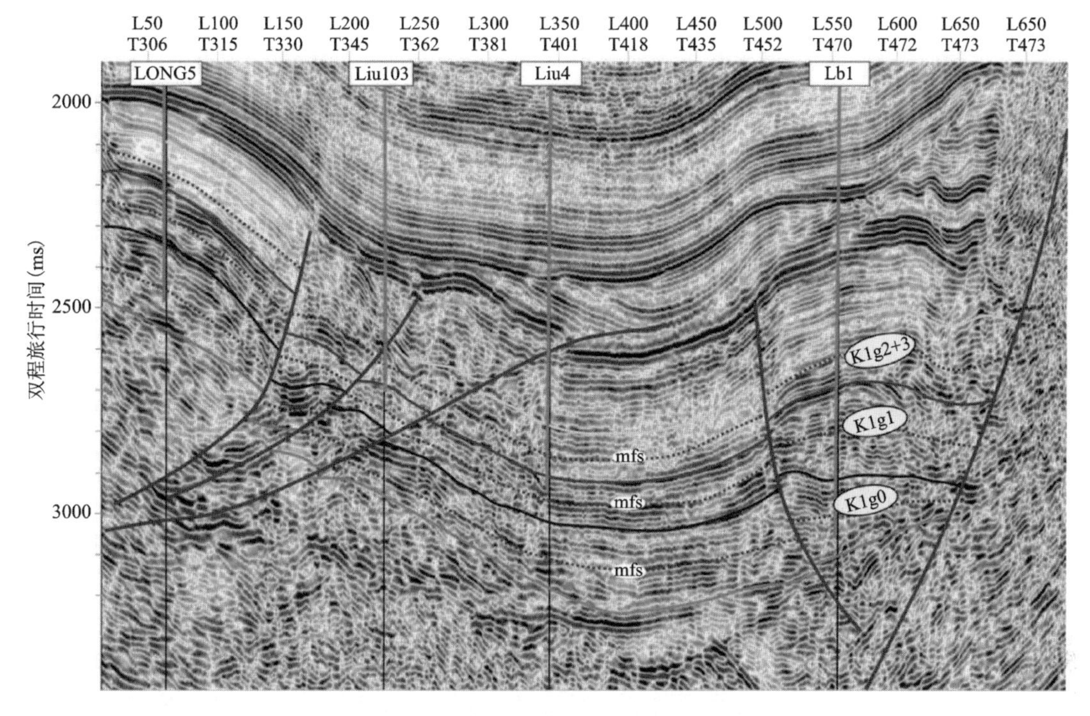


图 3-8　酒泉盆地典型逆冲推覆断裂系

### 3. 微小断层

微小断层解释的关键是地震资料的分辨率问题。在勘探后期和油田开发阶段，解释和弄清微小断层的分布对于落实可采储量、产能建设、油藏管理和油藏挖潜等具有极为重要的意义。

一般情况下，只要同相轴有规律地被错断“10ms”以上，便可解释为小断层。利用叠加偏移剖面，小断层收敛较好，断点较清楚，能正确地解释出小断层（图 3-9）。在进行微小断层解

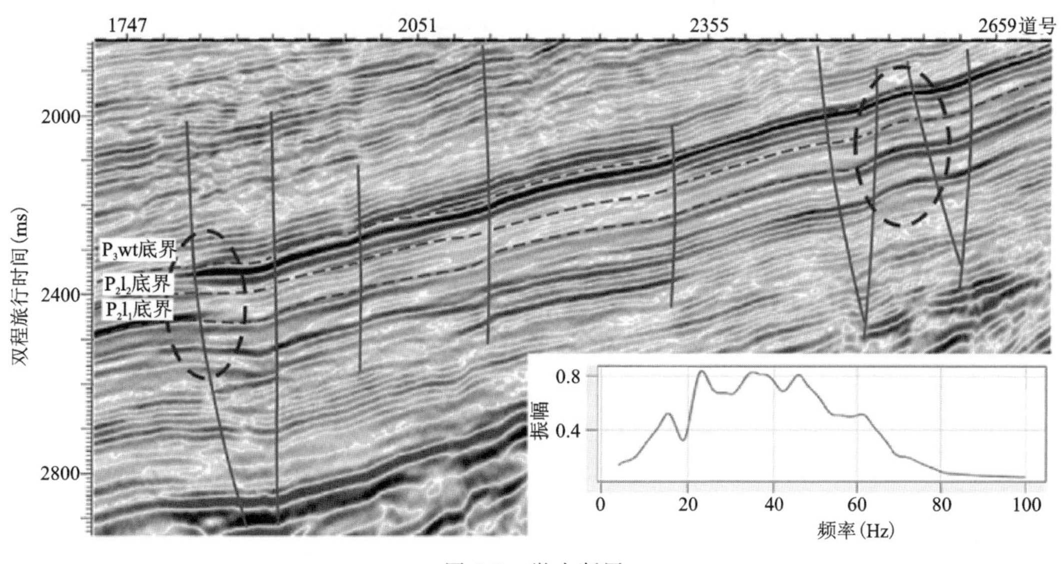


图 3-9　微小断层

释时，充分掌握各种资料是十分重要的，特别是钻井资料。钻井资料确定断层的依据和手段除地层对比外，还可以根据相应层段岩性和电性特征判定断层。此外，当油-气-水关系与所处的构造位置不符或相邻压力系统差异较大时，很可能是其间存在断层造成的。

有时微小断层在同相轴上未发生错断，但在同相轴振幅强度上发生了变化。一般来说，相邻测线相同位置振幅点有规律地突然变强或变弱，很有可能是小断层或岩性的尖灭点，这时需结合振幅点变化的连线与邻近的断裂系，以及沉积体系的展布关系做出判断。大多数情况，小断层与相邻的大断层有一定的亲缘关系，横向延伸不远，或错断或消失；而岩性尖灭点相对延伸较远，且不受相邻大断层的控制。另一至关重要的特点是小断层可能影响上下相邻的一组同相轴，岩性尖灭点仅是某一层的反映。

## 四、典型构造的解释

### 1. 披覆构造

披覆构造(draping structure)是指剥蚀面以上由于沉积差异和压实差异在较新地层中发育的正向褶皱构造；它通常表现为顶薄的穹隆构造，而且局部隆起无相应的向斜，在深部该构造显著，其两翼有原始倾斜或地层尖灭。披覆构造根据基岩块体的组成形式主要分为两类，即隆起型披覆构造和断块型披覆构造。

(1)隆起型披覆构造是指核部由褶皱山或者剥蚀古隆起构成，上部具完整形态的背斜构造(图 3-10)。这类构造一般变形微弱，后期变动少，在剖面上易识别，表现为剖面上存在一个明显的不整合面；该不整合面振幅强、连续性好，将上、下两套地层分开。

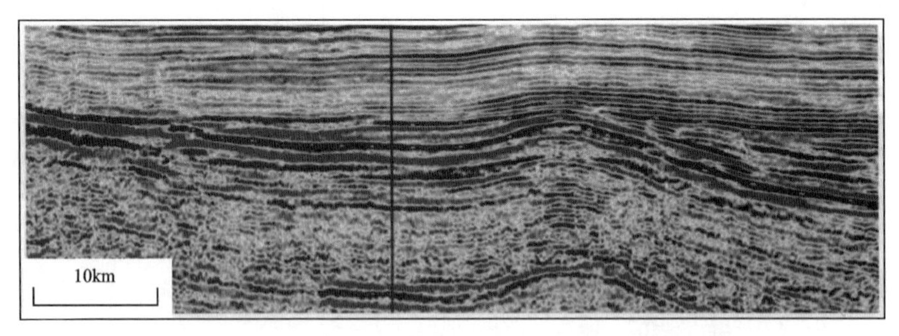


图 3-10　隆起型披覆构造典型反射剖面(据曲寿利，2019)

(2)断块型披覆构造：比较复杂，受断裂活动的控制，根据基岩断块的形态特征可分为单断式、断阶式和地垒式，不整合面以下基岩断块具有倾斜地层中断层的反射特征；不整合面以上地层反射同相轴一侧为断层所截而终止，另一侧则向断块山超覆收敛，相位数减小(图 3-11)；或者是两侧都为断层所截而终止，形成地垒山。

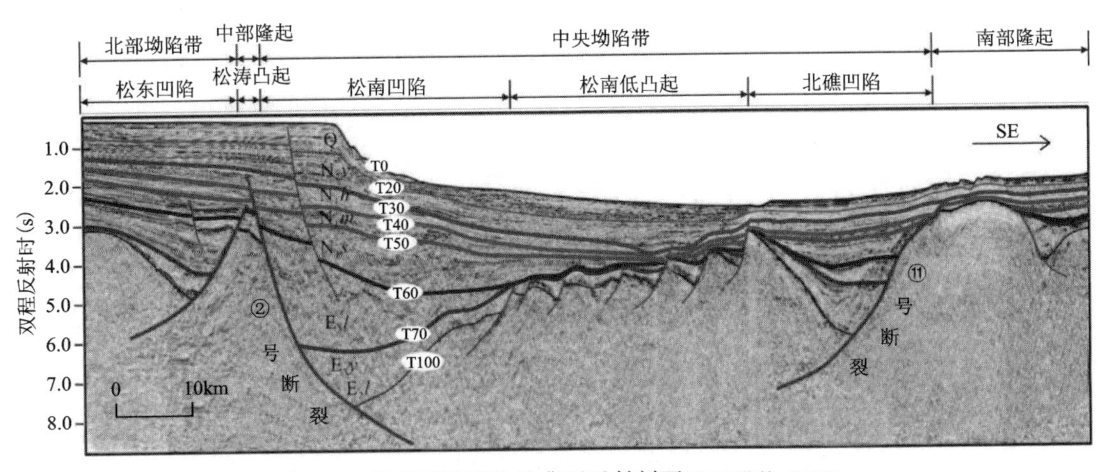


图 3-11 断块型披覆构造典型反射剖面(据汪锴等,2023)

**2. 古潜山**

褶皱变形、断裂运动、地块升降、风化溶蚀等各种改变地貌的作用都可造山。有的山出露地表遭受风化剥蚀,有的因地表沉降接受新沉积物而被掩埋地下。被盆地内后来的地层所覆盖的基岩山称为潜山(buried hill)。盖层沉积前的基岩山已存在,这样形成的潜山称为古潜山。如果是表面遭受剥蚀的平坦基岩经盖层沉积覆盖后,受到构造应力的改造褶皱变形或受到断裂作用而形成的基岩凸起,则称为次生潜山。潜山从成因上还可以划分为侵蚀潜山、断块潜山、褶皱潜山与隆起潜山。

如图 3-12 是古潜山典型地震剖面,古潜山顶面具有不整合面反射波的特点,即波阻抗差大、能量强、频率低、相位较多等特征。反射波特征较明显,且具有一定的规律性,只要逐条追踪,是易于识别的。如果古潜山内部地层稳定,分布面积广,其反射波特征也较明显,与一般剖面解释相同。大部分古潜山内幕由于不整合面的屏蔽难以得到较好的反射同相轴。

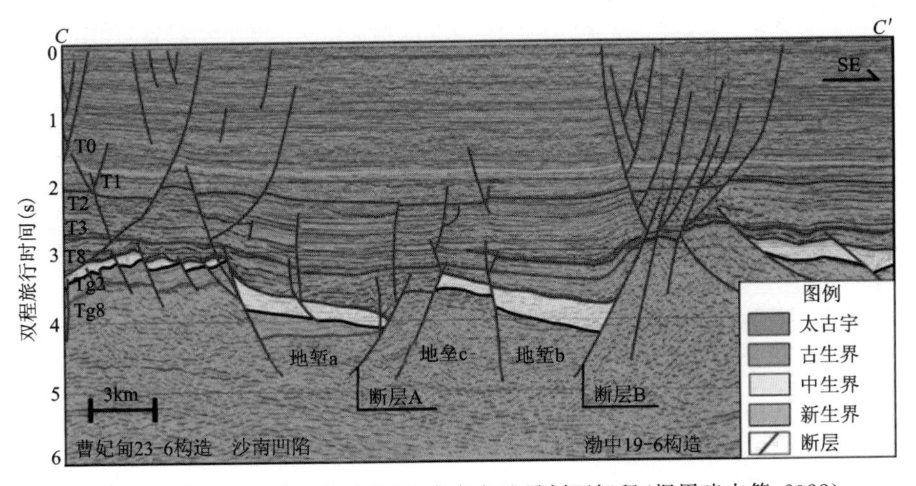


图 3-12 渤中 19-6 潜山构造北西-南东向地震剖面解释(据周琦杰等,2022)

在确定古潜山时，除了地震反射特征外，综合重力、磁力、电法勘探和地质、钻井资料，可以更加明确地确定古潜山的存在及位置。一般来说，重力、电法、地震三种资料吻合，则存在古潜山的可能性较大；磁力、地震资料一致，则有可能是火成岩产生的强反射。另外，古潜山构造上下层在岩性和时代上都存在巨大的差异，会引起层速度的较大差异，因而利用速度资料可以确定潜山界面。

### 3. 底辟构造

底辟构造(diapiric structure)又称为塑性流动构造或挤入构造，是一种与油气密切相关的构造类型。底辟构造是由下伏某些具塑性状态的物质在重力或挤压应力作用下，产生上拱或侵入刺穿，从而引起上覆地层褶皱变形而形成的构造。根据形成底辟构造的核部物质可分为盐底辟构造、泥底辟构造、火成岩底辟构造和流体底辟构造(图 3-13)。根据发育程度分为刺穿型底辟构造和隐刺穿型底辟构造。一般把刺穿型的叫盐(泥)底辟构造，隐刺穿型的叫盐(泥)丘构造。底辟构造由于形成的构造环境、受力方式和形成历史的差异，造成其形态各异。

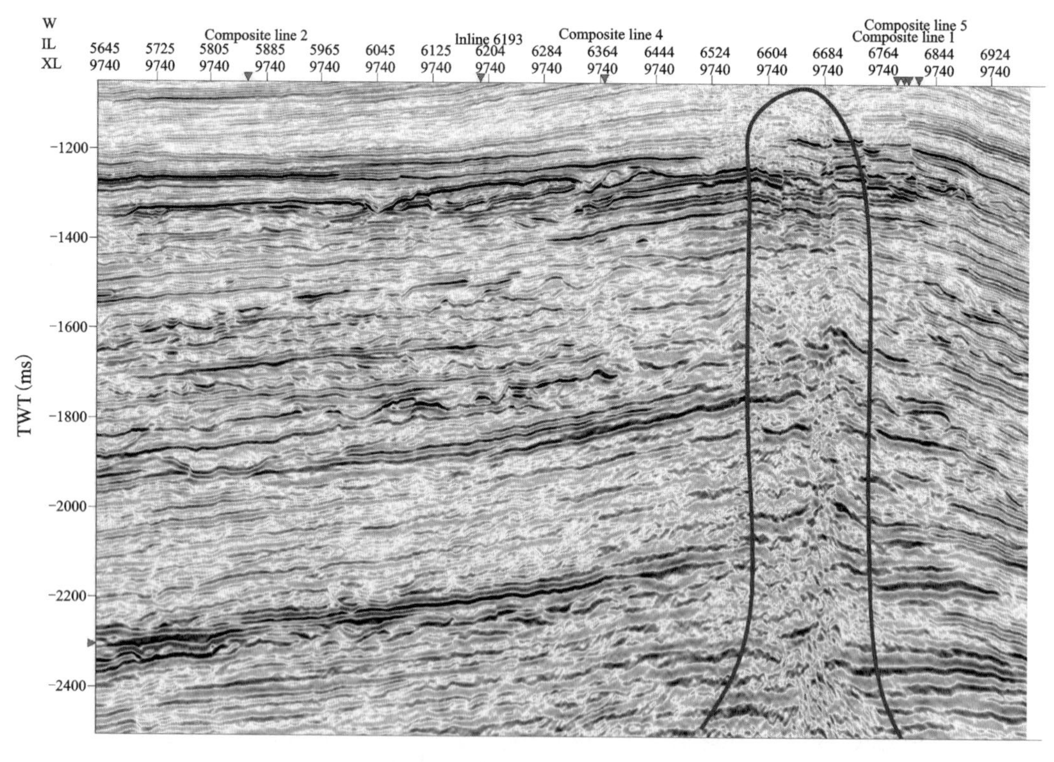


图 3-13　东方区底辟构造剖面

### 4. 花状构造

花状构造(flower structure)是与走滑断裂相对水平运动相伴生的构造样式，根据其在剖面上的特征可分为正花状和负花状构造。

(1)正花状构造:一般与压扭性走滑断裂伴生,在走滑断裂上部形成背形构造,背形构造不是一个连续的背斜曲面,其两翼分别被走滑断裂分开成两个独立的部分,向上变缓,向外倾斜。背形构造轴部有时会发育一系列倾角较陡的小型分支扭断裂,且向外散开形成扭断层组,具逆断层性质,向深部合并、变陡,插入基底,构成扭断层束的主干。在地震剖面上,扭断层束的主干部位块体水平位移,使地层剪切错断而破碎,表现为杂乱反射。此外,花状构造与基底不协调,向下背形构造变缓,至深处基岩面一般为翘倾或平缓的断块。

(2)负花状构造:一般与张扭性走滑断裂伴生,在走滑断裂上部形成向形构造。其他特征与正花状构造一样,被走滑断裂分开呈向形向内倾斜。有时花状构造发育不全,在形态上不对称,一系列小的扭断层只朝主干断裂一边散开,形成不对称的倾斜断块。

南堡凹陷发育一种新型的花状构造——背形负花状构造(图 3-14),由一束向上、向外撒开的正离距走滑断层所限定的、深部"向形"、浅部"背形"的构造样式,平面上褶皱和相关正断层分别与主走滑断层斜交并呈雁行排列。背形负花状构造主要发育在走滑和转换伸展的构造背景下,是走滑断层或转换伸展断层牵引盖层褶皱而形成的,主要经历了走滑或转换伸展断层牵引背斜形成阶段和背斜脊部断裂—塌落阶段。

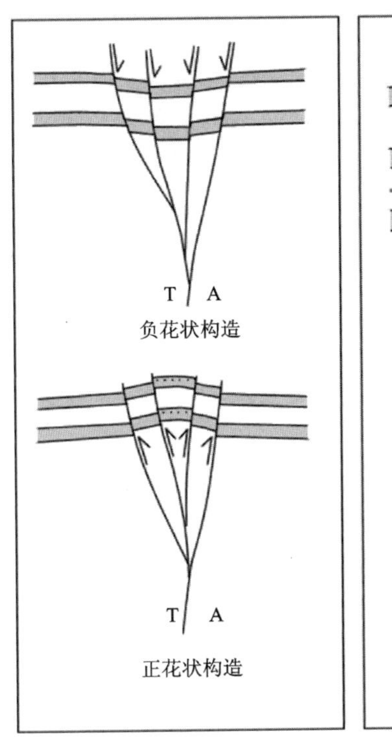


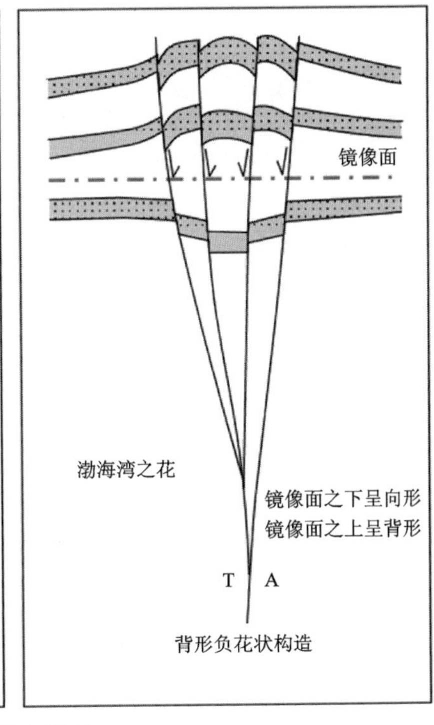


图 3-14　花状构造类型(据刘晓峰等,2010)

图 3-15 中南堡 5 号和 6 号构造带发育一束以 F1 断层为主断层、向上撒开的正离距断层,而馆陶组及以下地层形成了地堑式的向形,具有正花状构造组合的特征。

南堡 6 号构造带是以 F2 断层为主走滑断层构成的向上扩展的断层束。明化镇组在 2 条边界断层之间明显上拱且呈背斜,与下凹的馆陶组以下地层呈现了上凸下凹的镜像特征,镜像面大致位于T1(明化镇组底界)。该构造代表了宽缓的正形负花状构造。背斜被一系列次级正离距的小断层错断。

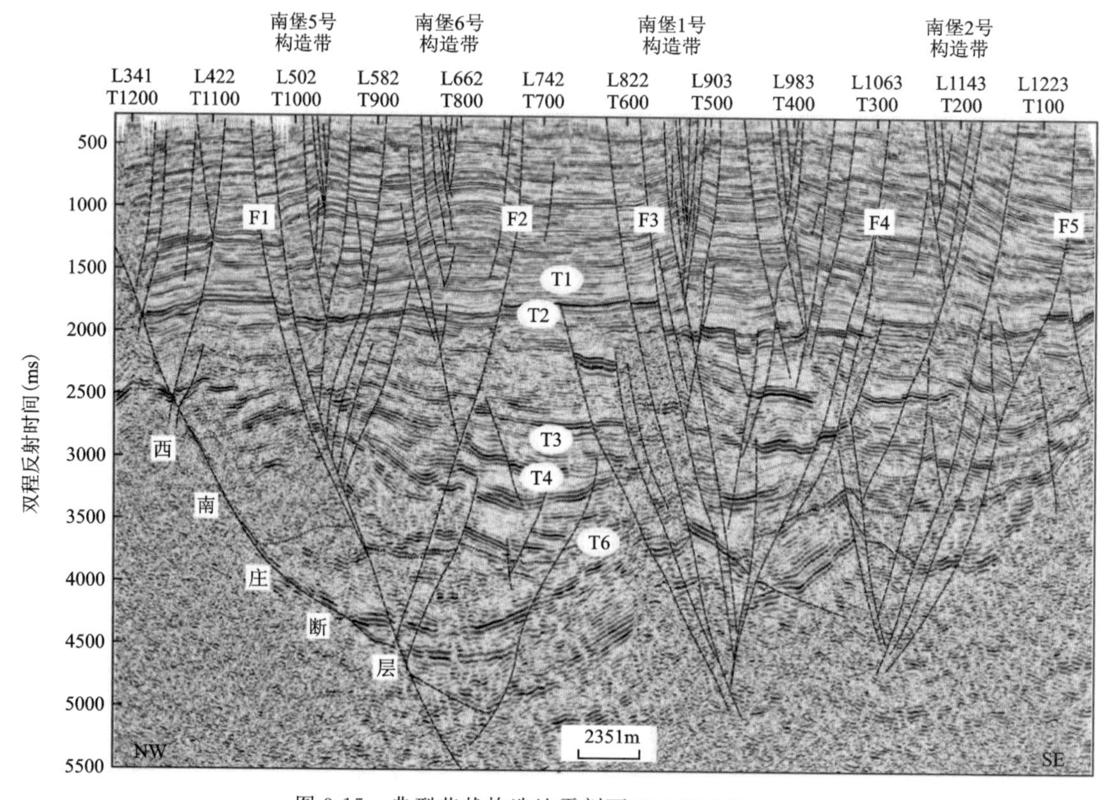


图 3-15 典型花状构造地震剖面(据刘晓峰等,2010)

### 5. 逆牵引构造

逆牵引(reverse-drap)构造是较大的同生正断层伴生的一种构造。它发生在产状平缓的岩层之中,在正断层的下降盘出现。产生逆牵引现象可能是由下述的地层岩性造成的。例如,适当比例的塑性地层(泥、页岩)及刚性地层(砂砾岩、灰岩等)互层,具有弹性:当砂泥比为1/3时,岩层具有较好的弹性;这些弹性地层受断层影响时最易形成逆牵引。这些逆牵引构造一般发育在古隆起周围一、二级断层的下降盘。

逆牵引构造在地震剖面上主要特征为:①无论是在纵向上还是在横向测线上,波组的相似性都很好;②相邻剖面都有逆牵引现象且比较清楚;③断层两盘产状不协调;④构造高点深浅层有偏移,而且构造高点的连线与断层线平行;⑤构造幅度表现为深层小、浅层大;⑥断层落差大小与构造幅度成正比;⑦断层两盘的形态与绕射波双曲线规律不符等。

前人对逆牵引背斜成因的看法主要有:①正断层上、下盘发生分离,上盘的岩层往分离间隙方向逐渐坍塌、回倾,从而使岩层弯曲,形成逆牵引背斜和反向断层[图 3-16(a)和(b)];②由于断层上、下盘岩层的岩性不同、厚度不同和差异压实作用,在砂岩和泥岩之间变化带产生弯曲带，沿此产生正断层及逆牵引背斜[图 3-16(c)]；③由于塑性岩层(岩盐、石膏及软泥岩)流动上拱形成逆牵引构造及复杂 Y 型正断层组合[图 3-16(d)]。

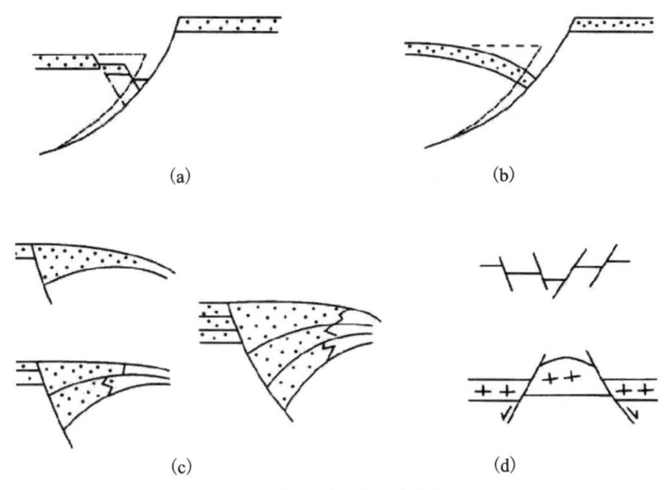


图 3-16　“逆牵引”构造成因示意图(据陈发景，2008)

# 第三节　关键层序界面识别

## 一、三级层序地震反射界面的识别标志

地震地层学应用反射同相轴终止现象来划分地震层序，根据地质事件在地震上的响应地震波的关系可划分为协调(整一)关系和不协调(不整一)关系两种类型。协调关系相当于地质上的整合接触关系，不协调关系相当于地质上的不整合接触关系。又根据反射终止的方式将不整合接触关系区分为削截(削蚀)、顶超、上超和下超 4 种类型(图 3-17，表 3-1)，以区分不同沉积作用下界面特点的不同，而这些不整合接触关系正是在地震剖面上识别层序地层界面最为可靠且客观的基础。

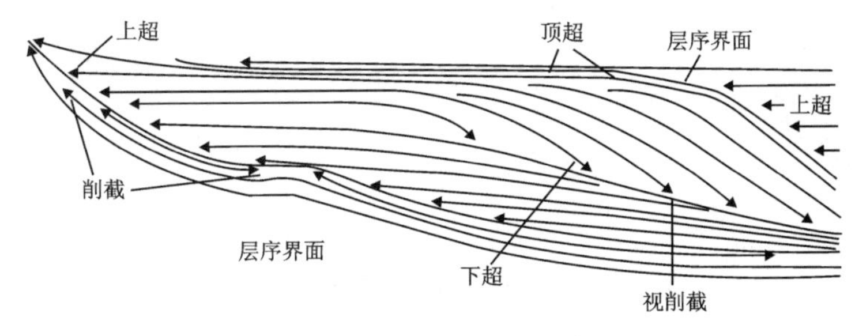


图 3-17　地震反射终止类型及层序界面处反射特征示意图(据 Van Wagoner et al.，1990)

**表 3-1　层序界面地震反射特征与沉积作用的对应关系**

| 项目＼接触关系 | 平行接触 | 相交接触 | | | |
|---|---|---|---|---|---|
| | | 消截 | 上超 | 下超 | 顶超 |
| 发育部位 | 顶部、底部 | 顶部 | 底超 | 底超 | 顶部 |
| 沉积作用 | 沉积作用(加积) | 侵蚀作用 | 沉积作用(退积) | 沉积作用(进积) | 过路冲刷作用 |
| 沉积模式图 | | | | | |

**1. 削截(削蚀)接触**

削截(削蚀)接触指倾斜反射同相轴与平行或低角度平直反射同相辅相交接触。它反映地层遭受了剥蚀作用。在不整合面形成过程中，下伏地层受到了褶皱构造运动作用，并遭受了一定时期的风化剥削作用，造成了部分地层被剥蚀。之后，地层再度沉降，接受沉积，削截接触与地层褶皱构造运动有关，所以它的分布具有成带性。因剥蚀作用引起的地层侧向终止，出现在层序顶界面，它是构造运动存在的直接证据，是划分层序的最可靠标志。削截反射是不整合接触关系最重要的表现形式之一，意味着地层在沉积以后因强烈的构造隆升或海平面下降再次出露地表遭受剥蚀。削截反射一般在盆地边缘斜坡带发育最为典型(图 3-18)。

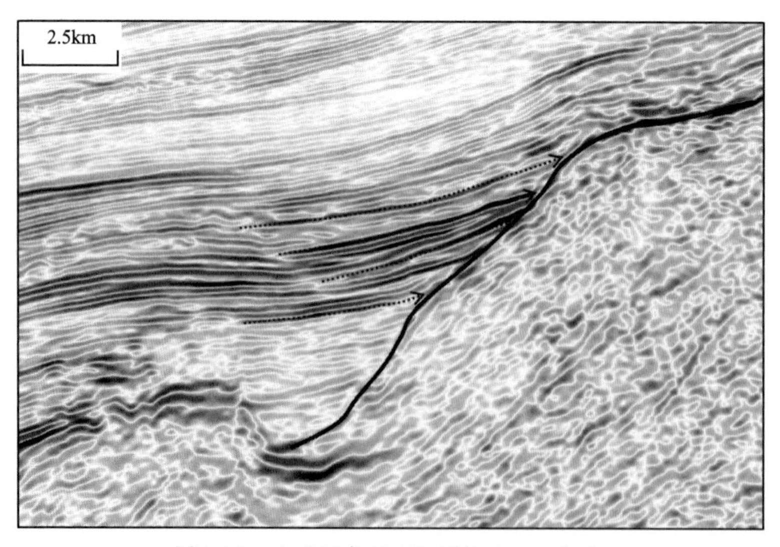


图 3-18　地震层序界面识别标志——削截

**2. 上超接触**

上超接触代表地震剖面中的一个底部界面上的不整合接触关系，与地层学中的超覆同义。它指反射同相轴由下至上朝着一个倾斜反射界面的上倾方向层层超覆现象。该现象反映的是，地层遭受了褶皱构造运动，并经历一段时期沉积间断之后，又开始下沉，接受沉积，而且在沉积过程中水体表面不断扩大，产生水进，使沉积地层逐层向陆地推进，产生地层上超。上超现象明显与否，主要与下列因素有关：①下伏地层的倾斜角度。倾斜角度大，上超现象明显；反之，现象不明显；②水体表面扩大的速度。水体表面扩大的速度快，纵向上沉积相带变化就快，地震剖面上反射同相轴就多，上超点就多，上超现象就明显；③地层沉积速度。单位时间内沉积地层越厚，地层上超现象就越明显。

它是沉积间断的标志，一般分布在盆地边缘，反映海平面的相对上升，是层序底界面的可靠标志。例如，在研究区内向崖城凸起方向上黄流组一段底界面上表现为明显的上超现象（图 3-19）。

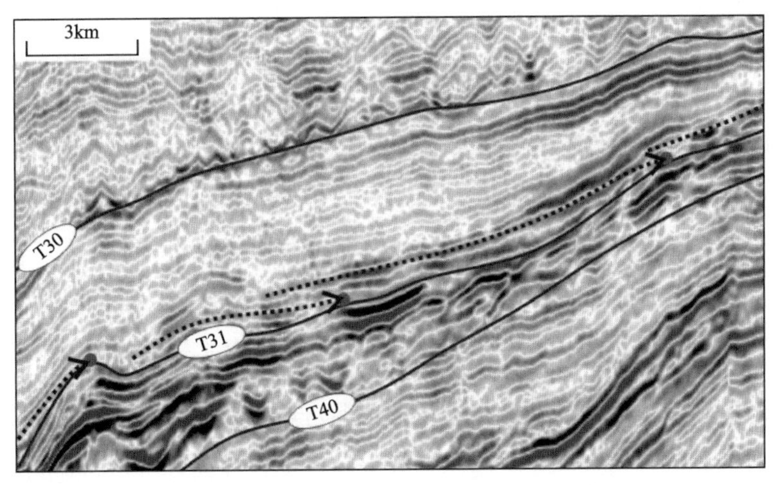


图 3-19　地震层序界面识别标志——上超

**3. 下超接触**

下超接触指原始倾斜地层对原始水平界面（或原始斜角较小的倾斜界面）在倾斜下方作底部超覆，亦即层序内地层对底部界面向盆内的超覆。该现象反映几种地质现象：①沉降速率大于沉积速率，即欠补偿沉积环境。沉积物供给不充足，致使远离沉积物供给区存在沉积缺失，但随着时间的推移，沉积物逐渐向盆内推进沉积，产生了上覆地层向界面下倾方向超覆现象。②在非补偿沉积环境下，由于水体表面逐渐缩小，也会产生上覆地层向界面下倾方向超覆。③在断陷沉积盆地中，沉积盆地边部发育的沉积扇体与下伏地层接触关系普遍具有下超现象。它亦是沉积间断的标志，通常出现在层序底部，是顺向水流的前积现象，意味着较年轻地层依次超覆在较老的沉积界面上，常出现在三角洲前缘沉积中（图 3-20）。

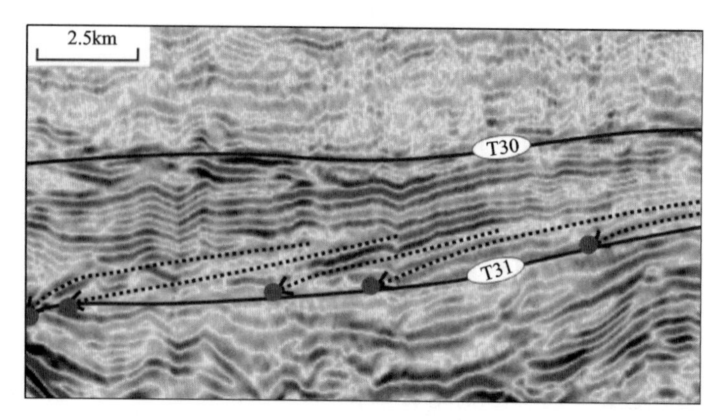


图 3-20　地震层序界面识别标志——下超

**4. 顶超接触**

顶超接触指层序向其顶界面的超失，一系列低角度倾斜的地层依次终止于水平或更小倾角的顶界面，是无沉积作用和沉积间断的标志。顶超接触与削截接触有时很难区分，但其形成具有很大的差异。削截是构造运动使地层褶皱并产生剥蚀的结果；而顶超是地层在沉积过程中，沉降运动使边部沉积地层发生倾斜，并伴随有新地层向前超覆老地层沉积，且地层的上部遭受了流水冲刷改造，从而形成的视削截现象。它是倾斜地层的无沉积顶面被新沉积层所超覆的沉积间断标志，一般出现在层序顶部。

## 二、初始海泛面和最大海泛面的识别

初始海泛面(first flooding surface)亦称海侵面(transresssive suface)，是层序内部跨过陆棚的海泛面。它是低水位体系域和海侵体系域之间的物理界面，并以从低水位进积到海侵的退积为特征。低水位体系域的顶面及其底部不整合面，与低水位体系域或陆棚边缘体系域截切点的向陆一侧常常是汇合在一起的。初始海泛面也称海侵面，即海水首次越过陆棚边缘所对应的界面。它是低水位体系域与海侵体系域之间的物理界面，并以低水位沉积体系向盆进积转换为海侵沉积体系向陆退积为特征，初始海泛面常常伴随着海水进侵过程中在向陆方向对层序底界面的侵蚀作用(图 3-21)。

最大海泛面(maximum flooding surface)是层序中最大海侵所能达到的位置时所形成的界面，以退积式准层序组合转换为加积式或进积式准层序组合为特征，因此，它是海侵体系域的顶界面，上覆的高水位体系域的前积层前端下超于最大海泛面之上。最大海泛面形成于海平面快速上升、岸线不断向盆缘迁移至最大限度时海平面所处的位置。地震剖面上对应于最高、最远的上超点的位置；一般最大海泛面的顶界面被上覆高位体系域下超，是由退积反射向前积反射转换的结构转换界面(图 3-21)；由于该时期可容纳空间的增加速率远大于沉积物供给速率，盆地中心处于饥饿沉积状态而在地震剖面上表现为视削截。最大海泛面同相轴在盆内分布较稳定、易于追踪对比。此外,界面附近主要为细粒薄层沉积的"密集段",在地震剖面上普遍表现为强振幅、高连续反射同相轴。

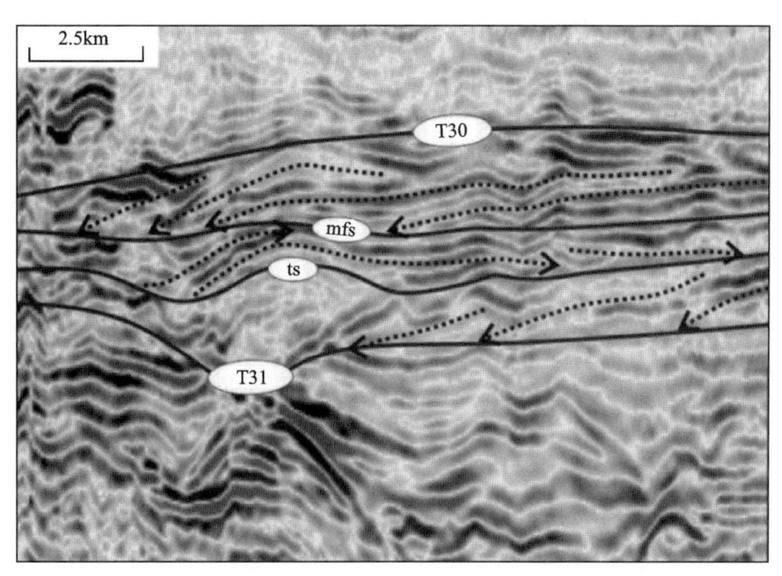


图 3-21　地震层序界面识别标志——体系域界面

## 第四节　操作步骤

### 第一步:多窗口设置光标追踪

(1)在 Home→Windows 下创建 2D window (Basemap),interpretation window,3D window。

(2)设置多窗口布局:home→window layout→tile vertical,三个窗口垂向排列。

(3)激活上面的任何一个窗口,在窗口上面的工具栏选择"track this cursor",点开右边的三角箭头选择下拉菜单中"track all cursors",则三个窗口的光标就可以联动显示了。然后在窗口左边激活"Windows"面板,如果左边窗口中没有显示"Windows",则需从 home→pans→选择"Windows","Windows"就显示到左边窗口中。在"Windows"下激活"2D window",然后在"Windows"最上方选择"cursor tracking",双击进入"Settings"界面,在"style"下可以设置光标的形状和大小,同理设置"interpretation"和 3D 窗口的"cursor tracking"显示样式。

### 第二步:地震数据可视化

(4)激活"3D window",input→seismic→地震数据体展开,勾选 inline,xline 显示在该窗口中。

(5)home→点击“inspector”。

(6)在窗口工具栏上点击“select”。

(7)在窗口中点击地震数据体,可以激活“inspector”工具。①在 inspector→general 下查看地震基本信息。②在 inspector→color 下,改变颜色模板为“black whit eyellow red”,地震数据体的颜色显示被更新。其他内容下可查看其他信息。

(8)激活“interpretation window”,input→seismic→地震数据体下,显示一个 inline 或 xline,打开“inspector”工具。重复(4)(5)(6)步骤操作查看“inspector”下反映的地震信息。在 inspector→spectrum 下可查看地震频谱信息。

(9)在“interpretation”窗口上面工具栏选择“view mode”,在地震剖面上按着鼠标左键平移剖面。按着“shift+ctrl”并拖着鼠标左键向下放大、向上缩小地震剖面,或者用鼠标滚轮放大或缩小,鼠标的位置是缩放的中心点。

(10)在解释窗口建立一个显示比例:点击“interpretation”窗口上面工具栏,拉开下拉菜单选择“viewport Settings”,打开窗口下→Settings,从下拉菜单选择 XY 比例或直接输入比例值,同样设置 Z 比例。XY-Scale:1:20 000 代表 1cm:200m(水平方向),Z-Scale:10 代表垂向上 1cm:20ms,200/20=10(图 3-22)。

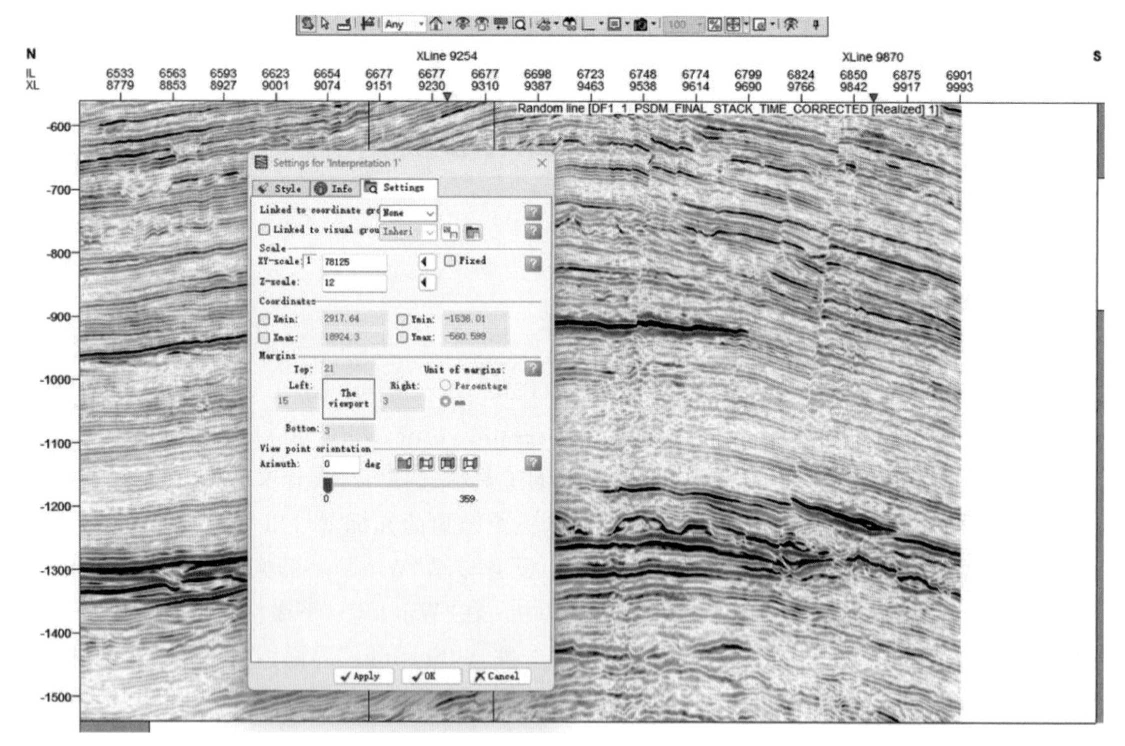


图 3-22　显示比例调整

(11)在“3D 窗口”中激活或不激活地震显示:勾选地震 class 文件夹,则地震的 survey 范围显示在窗口中。到窗口上面的“seismic tool”菜单,如果“seismic tools”看不到,则点击“select”选择模式,在 inline 或 xline 上点一下,就能看到窗口上面的“seismic tool”菜单,激活

“tools”菜单，到“select”组下选择“select inline intersection”或“select crossline intersection”，然后在 survey 上切换选择 inline 或 xline 显示（图 3-23）。

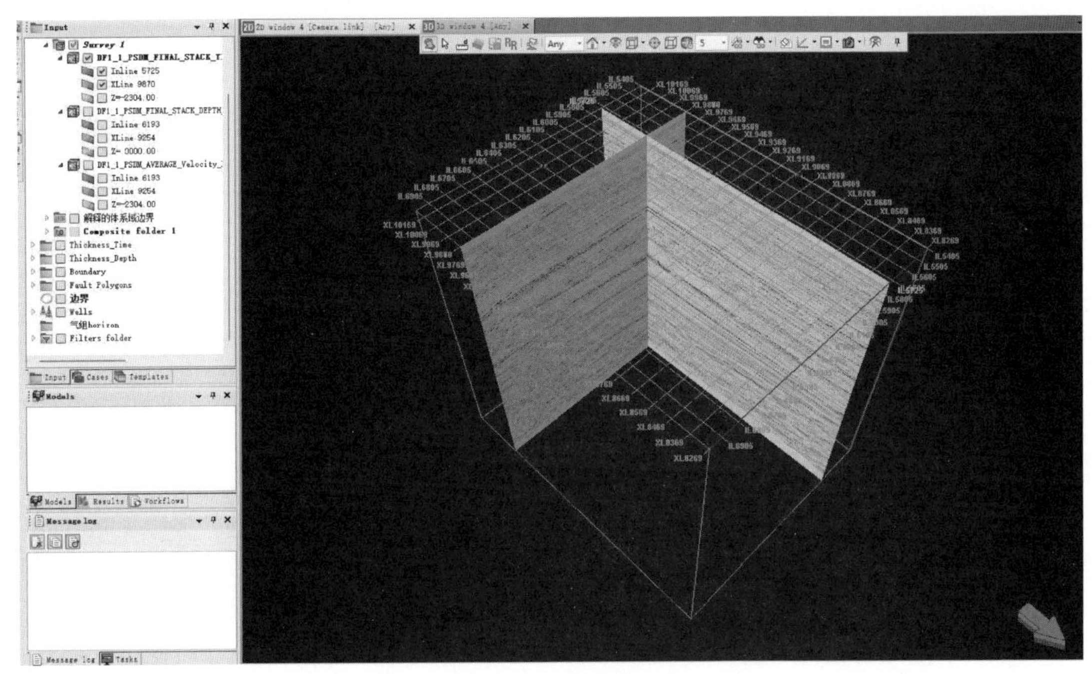


图 3-23　3D 窗口选择线段显示

（12）显示“basemap”和底图注释：激活一个“2D window”，在 input→seismic 下勾选地震数据文件夹，地震 survey 的轮廓出现在 2D 窗口。双击地震数据体→settings→style 下，设置“basemap annotation”显示样式（图 3-24）。

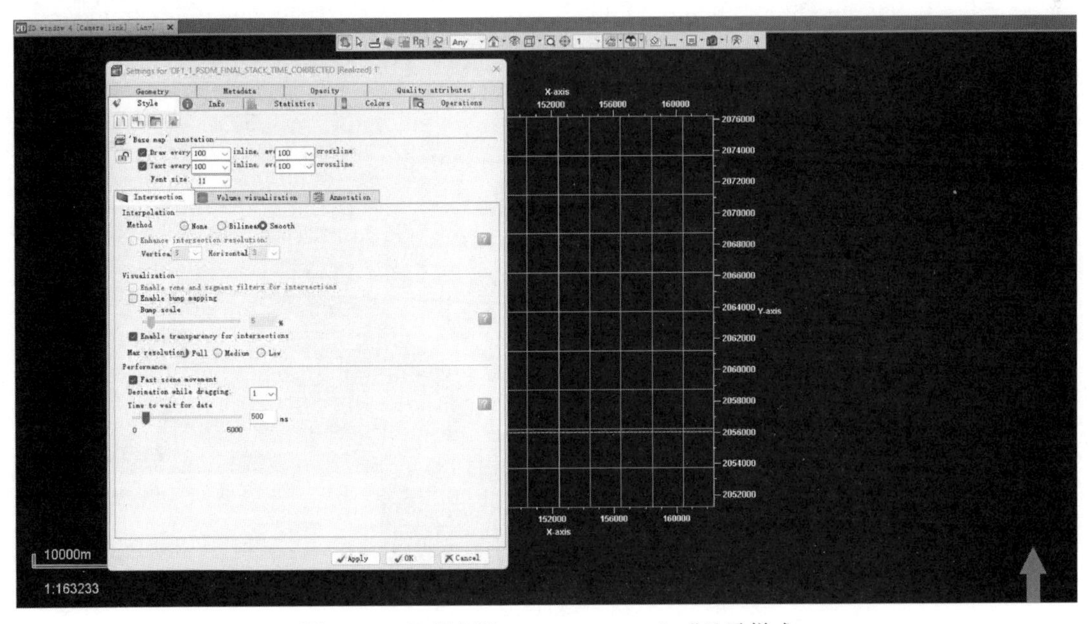


图 3-24　3D 设置“basemap annotation”显示样式

(13)在"basemap"上显示井:input→wells 勾选要显示的井,双击"Wells"文件夹→Settings→style→symbol 下,设置井名和井符号的显示大小和颜色等显示样式。

## 第三步:地震时间切片及任意剖面制作

(14)Home→Window→3D window,打开一个新的"3D window"。

(15)显示一个地震数据体:input→seismic→地震数据体下,勾选"inline"和"xline"。

(16)从窗口工具栏上点击"select",在窗口中的地震剖面上右键点击弹出的 mini 工具栏上选择"random line"图标右边的三角下拉菜单选择"insert random line"创建任意剖面,"insert time slice intersection"创建时间切片。

(17)在窗口上面的工具栏点击"manipulate plane",可以拖着一个地震剖面到一个新的位置。

(18)创建"arbitrary"和"seismic aligned polyline"剖面。

①在窗口上面工具栏点击"clear display"清空窗口,在 input→seismic→地震数据体上右键菜单选"insert time slice intersection",勾选地震数据体下创建的时间切片 Z=-1 752.00 显示在右边窗口中。可以用拖动时间切片到想要的一个位置。②切换鼠标为"select"模式,在"time slice"上点击鼠标左键,窗口上面的"seismic tools"菜单被激活。③"create intersection"组下选择"Arbitrary polyline",在"time slice"上的任意位置数字化生成一个多段线组成的任意地震剖面,双击左键结束(图 3-25)。④"create intersection"组下选择"seismic aligned polyline slice"上数字化点创建,双击左键结束创建。在"time slice"上数字化点创建,双击左键结束创建(图 3-26)。

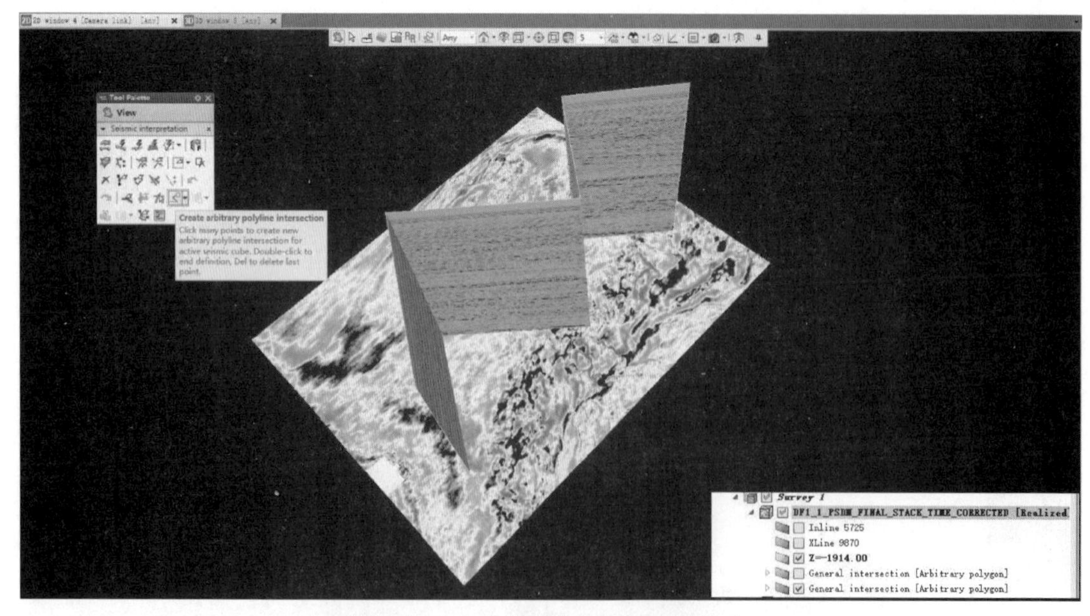


图 3-25 多段线组成的任意地震剖面

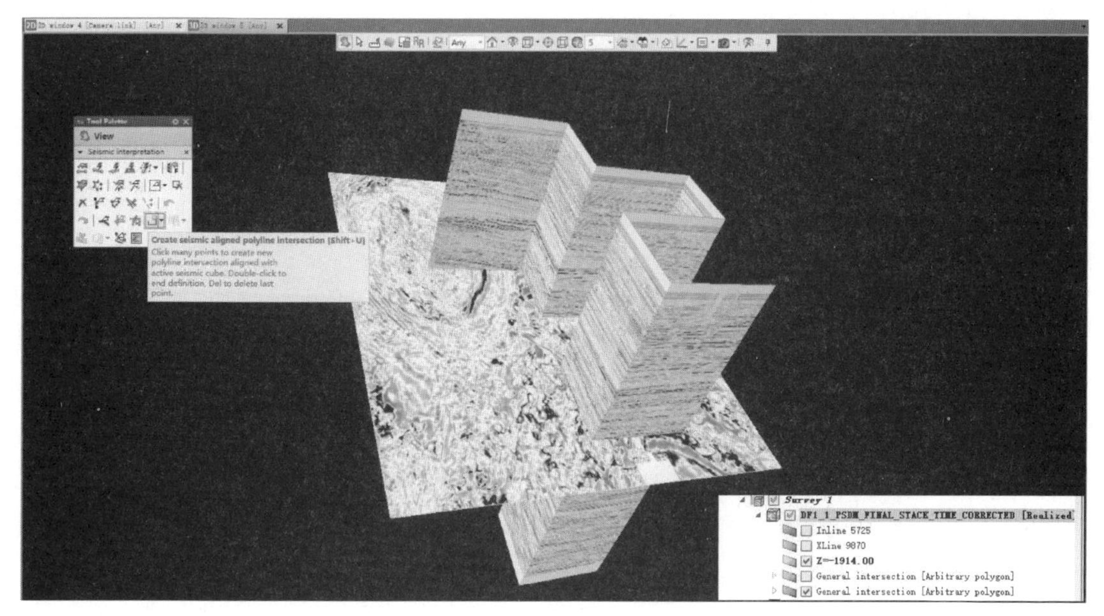


图 3-26　数字化点创建

(19)在“2D/3D window”创建“composite lines”。

①激活“2D window”,显示地震 survey。②切换“select”模式,在地震 survey 上右键工具栏上选择“seismic interpretation”图标,打开地震解释工具栏,选择“create arbitrary composite sections”或“create aligned composite sections”创建复合的地震剖面。③用“display clear”图标清空窗口,勾选 inline,xline 和 2D line,“seismic interpretation”工具栏上选,创建过三维和二维地震数据的混合剖面(图 3-27)。

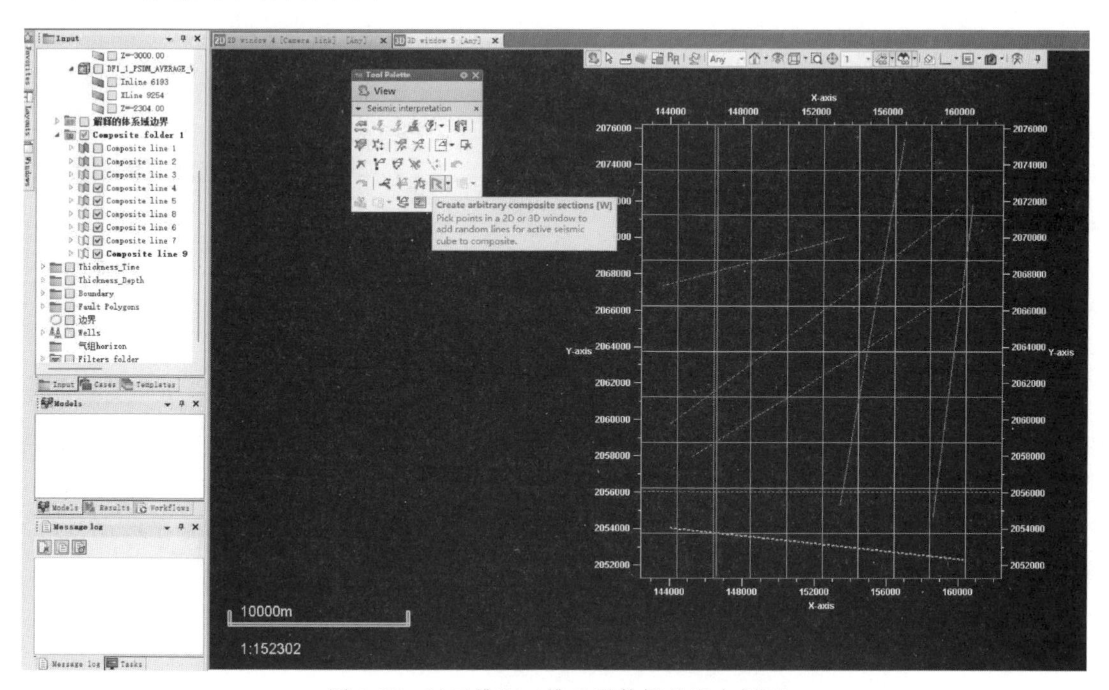


图 3-27　过三维和二维地震数据的混合剖面

## 第四步:断层解释

(20)激活 Home 菜单→perspective→选择 advanced geophysics→激活 seismic interpretation。设置“Inperpretation window”“3D window”“2D window”三个窗口垂向并排,设置光标同步追踪。

(21)在“interpretation window”显示要解释的地震数据体的 xline 剖面,如果已经有 GF 工区转过来的 faults 文件夹,直接在 faults 文件夹上点右键菜单下选择 new fault,创建一个新断层,在 faults 文件夹下勾选该断层,“interpretation window”任意位置点右键出现的工具栏上点击“seismic interpretation”按钮,出现“tool palette”面板。确保“interpret faults”按钮是黄色的激活状态,如果没激活,则在该面板上点击“interpret faults”按钮进入解释断层状态(快捷键为 F)。在“interpretation window”下的地震剖面上点击鼠标左键开始手工解释断层,双击鼠标左键结束解释。

(22)移动到下一个剖面:三种方式。

①通过 home→players 打开“players”工具,点击“players”旁边的图标选择“intersection player”,在“intersection player”窗口可以设置 increment=10。然后点击图标或向前翻或向后翻地震剖面。②通过 page up/page down 键。③在“2D window(basemap)”下,切换“select”模式,鼠标左键在“survey”上点击,窗口上面出现“seismic tools”菜单,激活“tools”,到下面的“select”组选择,然后鼠标放到 survey 上移动到想要的 xline 或 inline 上点击,新的 xline 或 inline 位置就自动更新到“interpretation window”下。

(23)鼠标左键在剖面上继续点击解释断层,直到最终解释完成。

(24)编辑和修改断层。

①确认要编辑的断层是激活状态:断层在 input 下显示是粗体状态。如果不是激活状态,在断层上点右键菜单选择“toggle active”即可。②在“seismic interpretation tool palette”,点击“select and add/edit point”图标键在断层上可以移动点,在两点之间添加新点,精确修改断层的位置。③删除全部或部分的断层解释:在“seismic interpretation tool palette”,点击“interactive eraser”图标,鼠标左键在窗口任何地方点一下,然后一直按着+号或-号可以放大或缩小该图标,在不满意的断层处点击左键即可删除。

(25)分配断层。

①在现有的断层上进行重新分配,选择“seismic interpretation tool palette”上的“single point”图标,在断层上两点之间点鼠标左键,断层变成黄色,右键工具栏选择“move selection to new”,则一个新断层出现在 faults 下。②整体移动断层:用“single point”图标选中断层,用“select and add/edit point”图标点在数字化的断层点上,拖着鼠标左键移动整个断层到一个新的位置。

## 第五步：层位解释

(26)在 horizons 文件夹上右键菜单选择“new seismic horizon”，在“horizons”文件夹下创建一个新层位，成黑粗体显示。

(27)重命名：在 file 菜单→system→system settings→effects 下，勾选“rename node directly(mouse)”，然后在新层名上点两下鼠标左键，进入重命名状态，输入新名字。

(28)在“interpretation window”下，投上一个地震剖面，切换“select”模式，在地震剖面上右键“seismic interpretation tool palette”图标。

(29)在地震解释工具栏上可以选择不同的地层解释方法，包括：manual interpretation 手动解释引导自动追踪，guided autotracking 引导自动追踪，seeded 2D autotracking 基于二维种子点自动追踪，seeded 3D autotracking 基于三维种子点自动追踪。

选用哪种方法解释基于地层的连续性和资料品质。下面列出每种方法的使用步骤：

①在“horizons”下新建一个层位，点击“manual interpretation”，对新创建的层位开始手动解释。在地震剖面上点击鼠标左键开始解释，双击左键结束解释。如果要修改解释，在需要修改的地方重新数字化点即可。②在“horizons”下新建一个层位，点击“guided autotracking”开始引导自动解释，在连续性好的位置鼠标左键点一个起点，在地层结尾处点一个尾点，双击则两点之间自动解释出层位。③在“horizons”下新建一个层位，点击“seeded 2D autotracking”基于二维种子点自动解释，在剖面上的地层同相轴上鼠标左键点一下，跟种子点特征相似的同相轴就自动追踪解释出来了。④在“horizons”下新建一个层位，点击“seeded 3D autotracking”基于三维种子点自动解释，在剖面上的地层同相轴上鼠标左键点一下，整个数据体上与种子点特征相同的同相轴都被自动解释出来了。打开一个“3D window”，查看自动追踪的层位结果。

(30)修改 horizon 显示样式：在“interpretation window”下，显示一个解释层位在地震剖面上，双击这个层位到 settings→style 下，在“2D and 3D interpretation”区域，选择不同的选项，实验不同的显示类型和大小。在“Neighbor sections”区域，选择“Previous”和“Next”，这个功能当解释层位的时候可以参考其他剖面的解释成果，以及“crossing points”下确认 2D 和 3D 复选框被选中，可以查看相交点信息。

# 第四章 实习成果图件编绘

随着层序地层学在多个研究领域的应用，所需要编制的图件也在不断变化。在层序地层学兴起初期，最常见的编绘图件是海平面变化曲线（Wilgus et al.，1988），20 世纪 80 年代中期，在 Posamentier 和 Vail（1987，1990）的文章中，仍使用海平面变化曲线来确定层序地层中的体系域类型。在这些海平面曲线中，最著名的莫过于 Haq 曲线（Haq et al.，1977，1987）。在陆相盆地的层序地层研究中，海平面变化曲线转化为湖平面变化曲线，由于陆相盆地与海相盆地的差别，湖平面变化对陆相层序的控制作用不如海平面变化对海相层序地层形成的控制作用明显，但海（湖）平面变化曲线依然是一种很有用的层序地层学研究途径。随着层序地层学研究的不断深入，新发展的高精度层序地层学（Posamentier et al.，1987；邓宏文等，1995；李思田等，2002）产生了许多新的编图、表的要求。无论是针对地下地质，还是露头层序地层学研究，均需要编绘大量的直观、精细、简明的图件及表，“一图抵万言”正说明了编图工作的重要性（王华等，2008），编制与盆地层序地层格架构建相关的分析图件，能更详细、全面和科学地再现盆地的层序地层学特征，进而更好地服务油气勘探与预测。

## 第一节 层序地层学研究中的工作流程图

层序地层研究可以说是一种多学科相结合的系统工程，是寻找能源最重要的基础工作和手段（李思田等，2004）。层序地层学的所有研究内容都是基于扎实精确的观测，综合利用地质、地球物理、地球化学等许多学科技术。地下部分是盆地的主体，也是层序地层学应用于含能源盆地的主战场，因此地震技术及地震资料的精度便显得尤为重要。

在探讨层序地层学研究中的工作流程时，应该考虑到该学科的研究内容、所使用的资料、技术思路特点等，考虑的要素应包括沉积盆地构成要素的整体性、动态演化性、与盆地多要素演化相关的背景分析以及高新技术的应用，尤其是地球物理技术的飞跃进步，特别是地震探测技术、计算机技术的发展已成为层序地层学研究的有力手段，也被快速地引入到沉积盆地的能源找寻工作中。

正确的工作流程可以在研究工作中起到事半功倍的作用。工作流程图概略地表述层序地层学研究工作的思路、方法、技术路线与工作流程等一系列问题，是具体指导一个层序地层学研究工作的流程图(图 4-1)。在一般的工程项目研究中,工作流程图是必备的,但在一个具体实际的研究中,还可以有其他的表现形式。

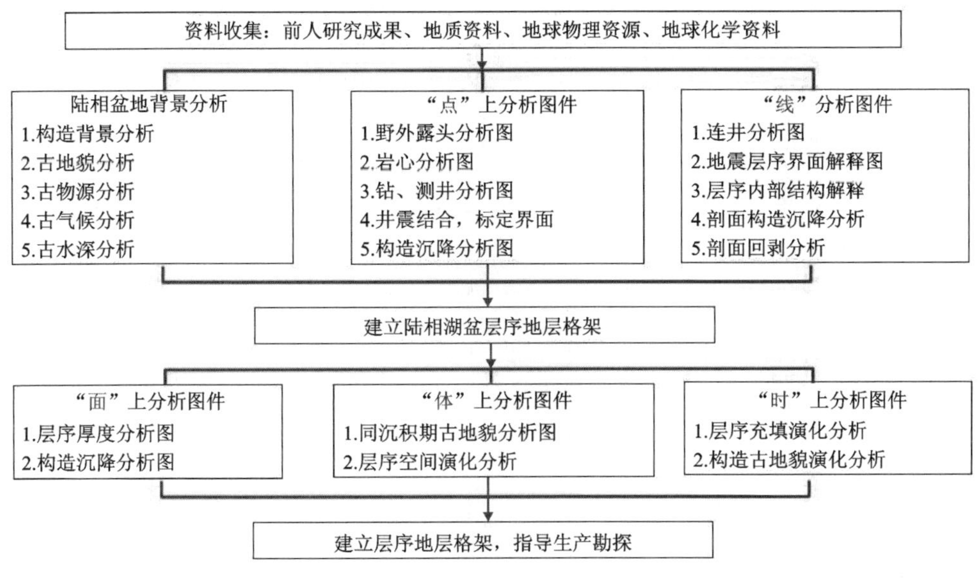


图 4-1 层序地层学编图工作流程图

# 第二节 层序地层学"点"的分析图件

## 一、盆地充填序列与层序垂向演化图(表)

该类图件的主要目的是从"点"上对所研究的沉积盆地或研究区基本的沉积充填序列、垂向上的层序展布样式等有一个宏观、整体的了解与把握。该类图件常常是在对研究资料的充分收集、汇总、分析与总结的基础上完成的。这类图件中包括研究区内地层发育、地层年龄、地层单位、地层深度、岩性剖面、岩性描述、地震层序边界及层序数量、每个层序的体系域构成、生物地层、沉积环境特征、海(湖)平面变化、构造活动历史、层序发育的主控因素、盆地演化阶段等要素(图 4-2),有条件的地区(已勘探、开发的含油气盆地或油田)还可以配上已确定的生储盖组合。

## 二、柱状层序地层分析图

### 1. 岩心沉积环境和沉积相分析图

该类图件的主要内容包括:岩心的沉积环境分析、沉积相分析、岩心照片、岩石学分析、沉

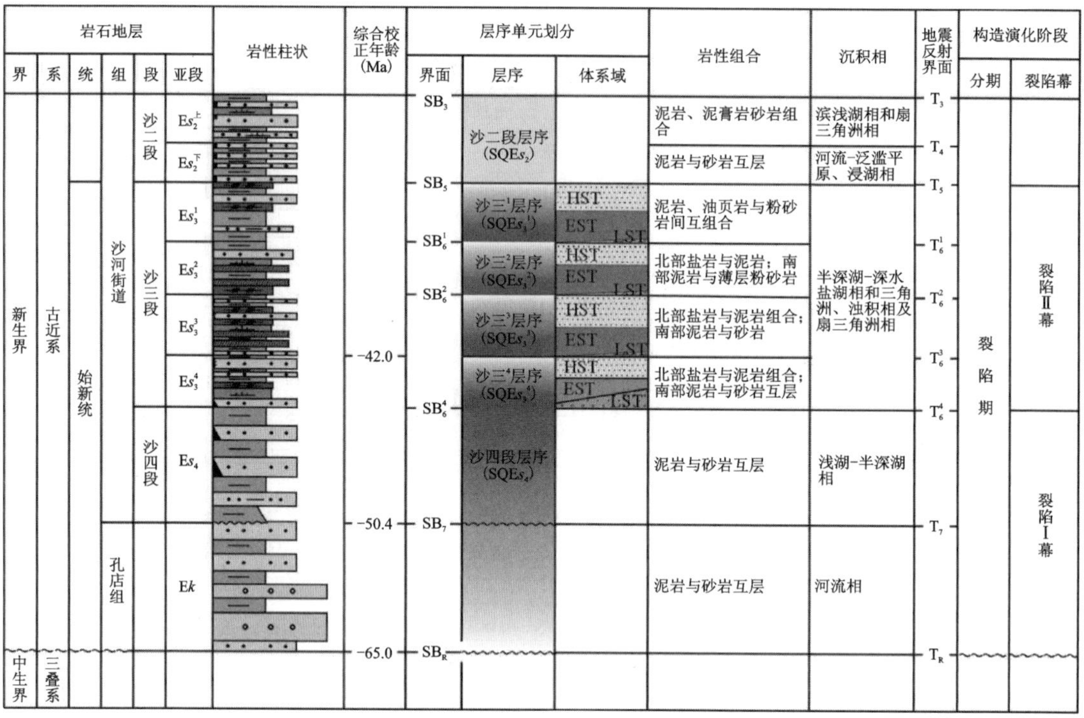

图 4-2　东濮凹陷沉积充填序列、层序地层单元垂向划分图(据王华等,2008)

积旋回分析等。目的主要是从微观上建立沉积环境的认识,为宏观的层序地层研究提供直观的证据和精细的沉积环境分析。在具体的高分辨率层序分析中,还包括岩心照片分析、柱状图描绘、沉积旋回分析沉积相识别(在大背景下的识别)岩心岩性的文字描述、对应的典型测井曲线分析、明显的沉积结构及构造的识别(层理的识别、虫孔、超微化石、生物扰动、植物碎片、不整合面识别、重矿物鉴定、滑塌变形构造、油气显示等)。绘制这种图需要做的主要工作是观察大量的岩心,并根据前人工作的成果确定沉积环境,并分析岩心高频旋回,与测井曲线所显示的旋回特征做对比、印证(图 4-3)。

### 2. 钻井层序地层分析图(含测井曲线分析)

钻井层序地层分析主要是根据测井曲线特征和岩性变化特征,并结合其他的物性分析资料精细划分三级甚至四级层序,进行体系域分析。近年来,许多研究成果提供了精细的层序划分和体系域分析的范例(Cross et al.,1993; Brown et al.,1995; Bryant et al.,1996; Howell et al.,1996;Plint et al.,1996;James et al.,1998)。钻井层序地层分析图内一般包括地质层位、地质年代、典型测井曲线岩性柱状图、高频旋回划分(长旋回、中旋回、短旋回)、层序地层划分、沉积相分析(相、亚相、微相)等(图 4-4)。其中最重要的是根据测井曲线和岩性分析得到的层序地层与体系域划分,在高分辨率层序地层学中还要求高频旋回划分。有时根据生产要求,要配上岩心分析的资料,作为钻井或测井层序、体系域划分,定沉积相、定沉积体系的证据。

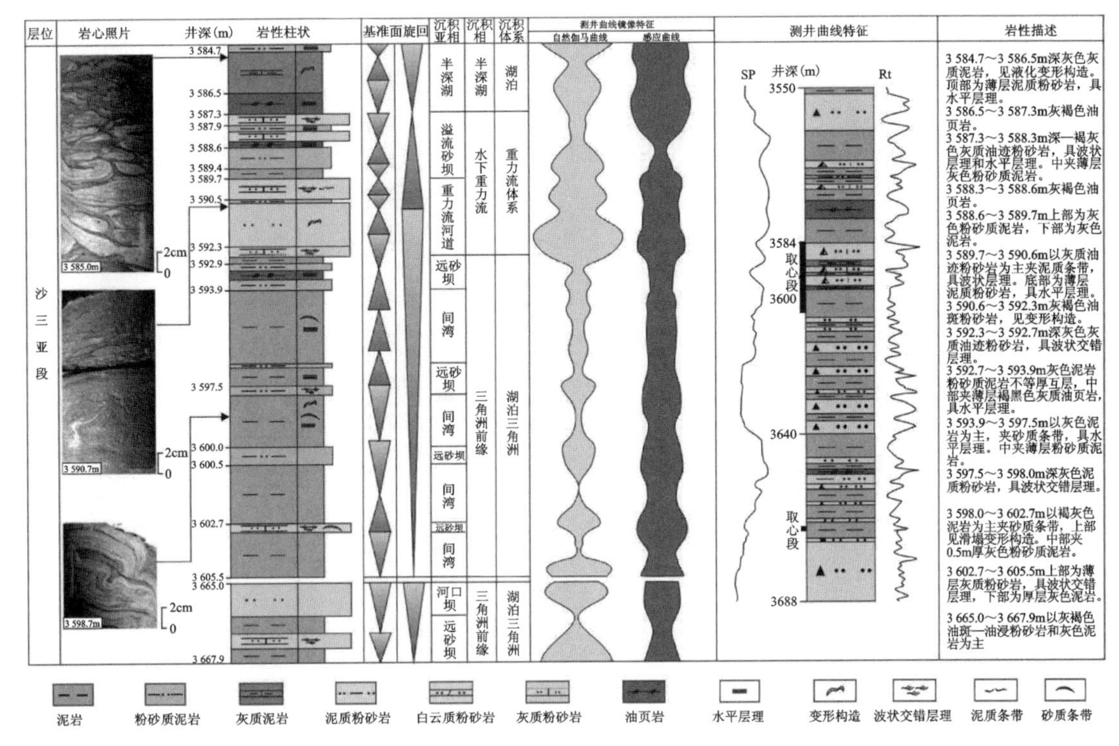


图 4-3 岩心沉积相分析(据王华等,2008)

在测井曲线分析中主要应用自然电位测井曲线(SP)、视电阻率测井曲线(Rt)、自然伽马测井曲线(GR)、声波时差测井曲线(AC),一般是自然电位测井曲线-视电阻率测井曲线组合、自然伽马-电阻率测井曲线组合、声波时差测井曲线作为辅助手段(在前三种测井资料缺损时)。在具体应用时为了使测井曲线直观,可以将测井曲线的表现形式多样化,包括镜像不同曲线的相对组合。在工业制图时还包括:地层中的结构、构造含有物;岩矿(成分、自生矿物、生物碎屑等)资料、重矿物(含量、成分)资料、微量元素(Sr/Ba、B/Ga、V/Vi 等)资料、古生物(超微化石、有孔虫、孢粉等)资料。

## 第三节 层序地层学野外露头类图件的编绘

### 一、露头层序地层学编图的基本原则

编图是露头层序地层学研究必不可少的内容之一。露头层序地层学编图的基本原则可归纳如下。

(1)地上资料和地下资料相互结合,相互对比,相互印证。地上资料主要是露头和现代沉积,地下资料主要是岩心和测井。二者的相互结合强调研究的整体性和互补性。野外露头只

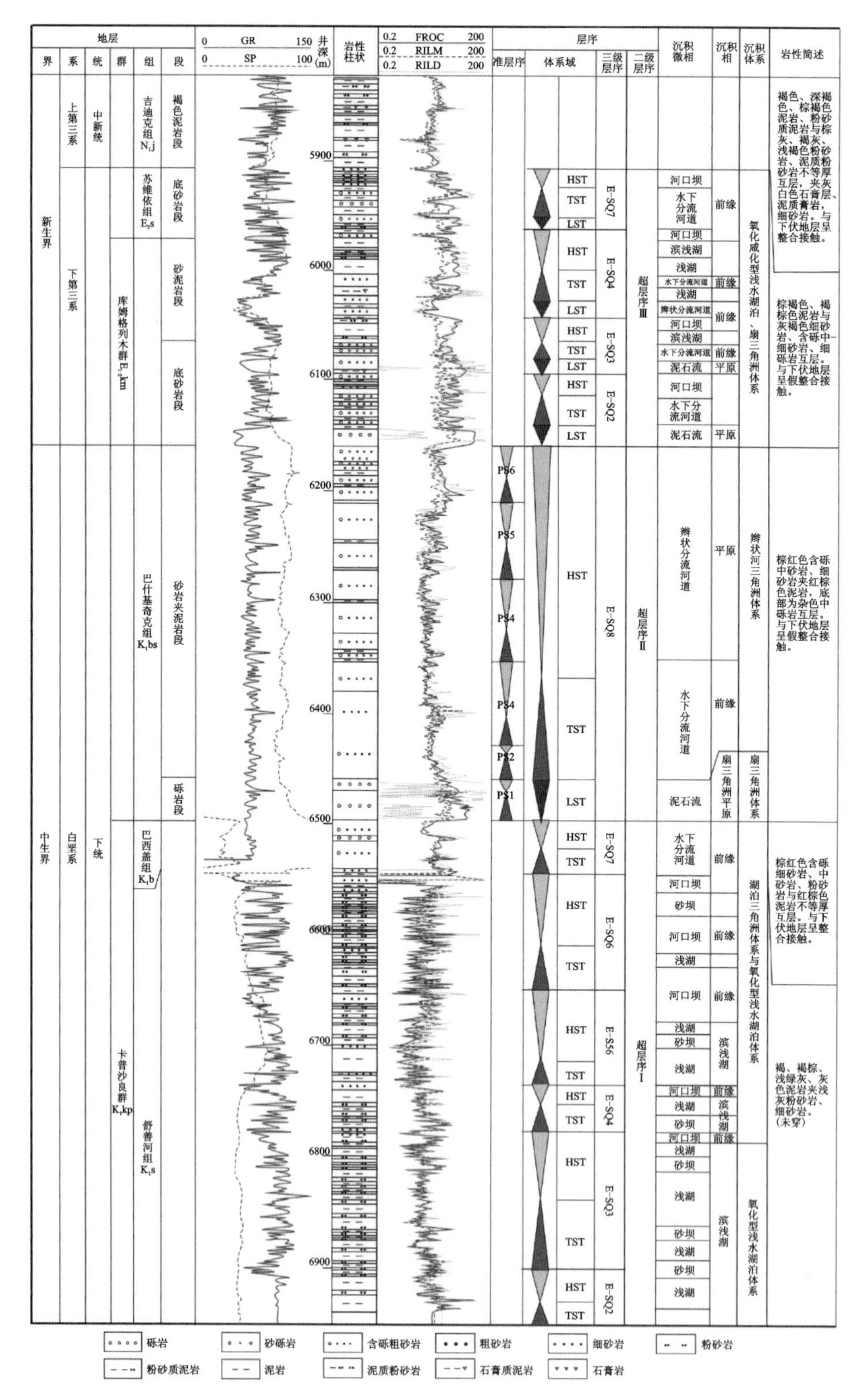

图 4-4　库车前陆盆地 K1 井沉积演化、层序结构综合柱状图

是反映地表出露的信息，其方法手段不利于地下信息的完整反映，而地下研究则可以弥补这一不足。野外露头研究和地下研究的特点是不一样的，首先是二者本身所反映的尺度、采用的方法手段等都存在差异，其次研究所产生的结果或许也有很大的不同，而这种差异是可以对比总结的，其结果具有深刻的意义。因此野外露头研究和地下研究的结果理应能够反映同一实体，具相互印证性。

(2)"点""线"系列图件的结合。"点"是指在野外露头上选取若干个点，在每个点上进行实测、照相、取样等，提取各种岩相标志，包括岩石颜色、岩石类型、碎屑颗粒结构、沉积构造、古生物、地球化学标志等，建立每个点的垂直剖面，绘制观测点上代表层段的相层序充填序列图；"线"是指野外地质剖面的精细解释，包括全景照片、古生物、各具体观测点的柱状图对比情况等，以确定各级地质界面，根据这些界面划分各级别的地层单元，从而达到层序地层划分和沉积相解释的目的。

(3)类比方法的广泛使用。在地表露头条件好、研究成熟的地方可以相对容易地描述沉积过程并可以进行定量计算，然后利用这些数据来预测没有取样地区的沉积相、成岩特征和裂缝分布等。鉴于目前的野外层序地层学研究的进展，这种类比知识库的建立还需要更多的实例加以丰富和补充。

在上述 3 条基本原则中，第一条是研究的基础，第二条是研究的具体实施路线和方法手段，最后一条是前两条的延伸和拓展。

## 二、露头图件的类型

### 1. 野外露头柱状图的类型与绘制

(1)样品解析图。样品照片及其描述(包括其颜色、厚度、类型、结构、构造等)，为沉积相的判别提供依据。

(2)观测点素描写实(垂向剖面)图。包括岩性、厚度、结构和构造等(图 4-5)。

(3)观测点上单个结构或构造的放大图。如大型交错层理、平行层理、生物扰动构造等。

(4)与地质界面相关的剖面点图。如微量元素变化与层序边界关系，层序界面附近地层倾角矢量图；剖面点伽马能谱曲线的变化特征图等。

(5)观测点沉积充填序列图。主要包括地层名称、层序名称、体系域、旋回分析、岩性柱、沉积相(或沉积微相、沉积亚相)分析等内容(图 4-6)。

### 2. 野外露头剖面图的类型与绘制

(1)野外露头实测剖面图。包括地形、岩性、倾角等要素。

(2)露头剖面某层序段全景照片及其地质解释图。含实物照片、地质界面、地层代号等内容(图 4-7)。

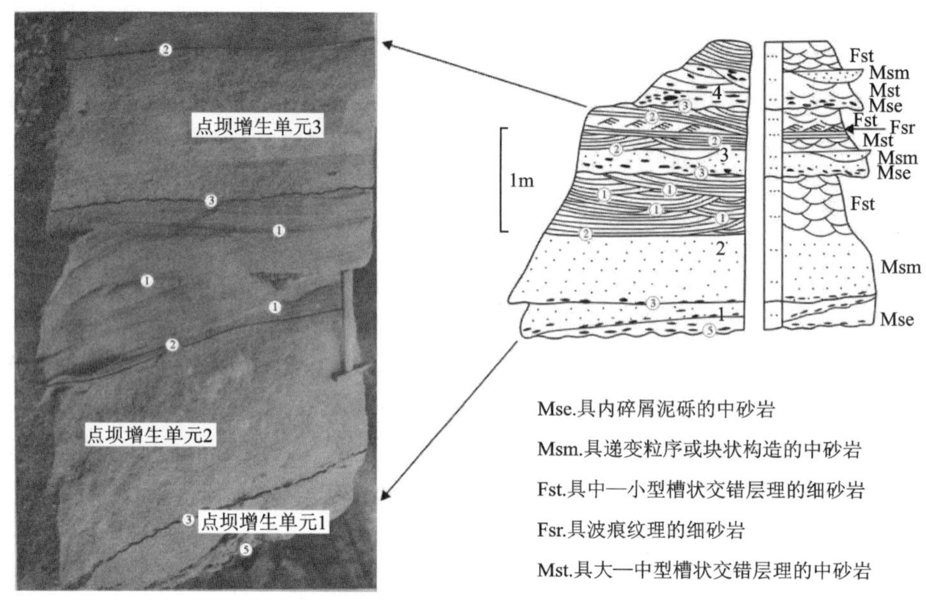


图 4-5 鄂尔多斯盆地东缘河道单元Ⅱ中点坝 c 的垂向序列写实图(据焦养泉等,1995)

图 4-6 库车坳陷东部克孜勒努尔沟苏维依组前积型准层序(PS)特征

图 4-7 南阳凹陷唐河新桥北端唐河西岸露头剖面核二段一亚段层序地层构成样式

(3)地质体的二维展布特征写实图。包括沉积相、单个观测点岩性柱、展布范围等要素。

(4)露头与钻井间对比图。含电性或岩性曲线等,如地表露头观测点用伽马仪得到的伽马能谱曲线与钻井所得到的测井曲线的互相对比和印证。

(5)区域地质界面示意图。包括剖面方向、岩性等要素。

(6)各级地质界面的剖面追索图。

图中展示了点坝增生单元、交错层系组、交错层系 3 级内部构成单位及其相对应的第 3、4、1 级边界面。

**3. 野外露头平面图的类型和绘制**

(1)野外露头或现代沉积的地质体平面图(注意要含比例尺、方向等内容)。

(2)各种沉积体系的平面展布图(可用照片或航片显示)。

(3)各种沉积相的平面展布图(分野外露头资料、地震资料和钻测井资料三类,或二者或三者的综合)。

(4)露头级别的岩相平面分布图。

(5)各级别的地质界面平面展布图(图 4-8)。

图 4-8　库车河剖面亚格列木组露头景观及地质界面空间展布

**4. 野外露头立体图的类型和绘制**

野外露头主要包括典型储集体的三维展布和各类沉积体系的三维展布及模式图,如各类扇三角洲、曲流河地质体的空间展布样式以及一些具独特露头特点的景观图等(图 4-9)。

**5. 野外露头演化图的类型和绘制**

此类图件实际上是野外露头研究和地下研究的综合,主要是对比地震和钻测井资料,寻找地表露头证据来研究地质实体,反映包括断层等构造在内的随时间演化规律、盆地充填序列特征和层序地层格架演化特点的图件等。如可依据露头多期河道的相互切割关系,来判别河道的发育历史(图 4-10);根据露头地层可以研究其垂向的沉积演化特征(图 4-11)或一个三级层序内部构成和演化特征(图 4-12、图 4-13)。

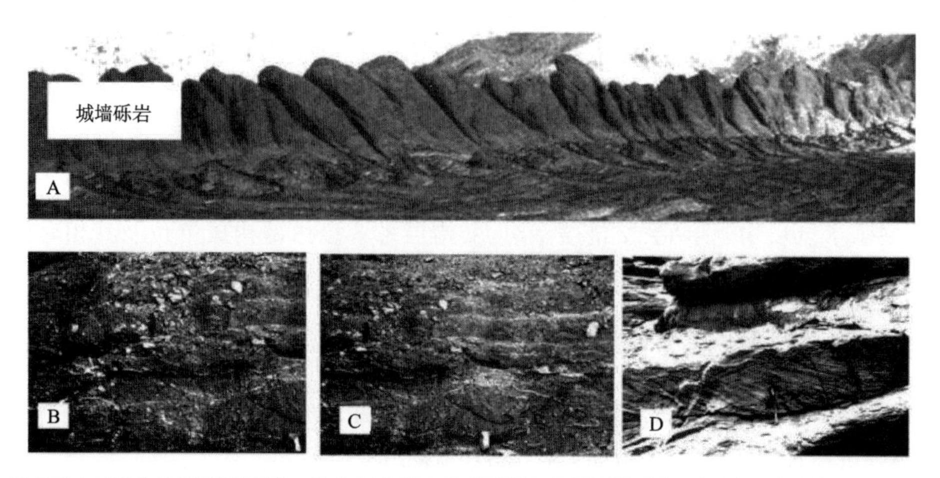


A. 亚格列木组露头景观(城墙砾岩);B、C. 亚格列木组底部褐灰色厚层粗砾岩,砾石略具定向排列,较多石英细脉穿插(泥石流微相沉积);D. 亚格列木组顶部灰色大型板状-楔状交错层理。

图 4-9　库车场陷克孜勒鲁尔沟剖面亚格列木组露头景观及沉积特征(据王家豪等,2006)

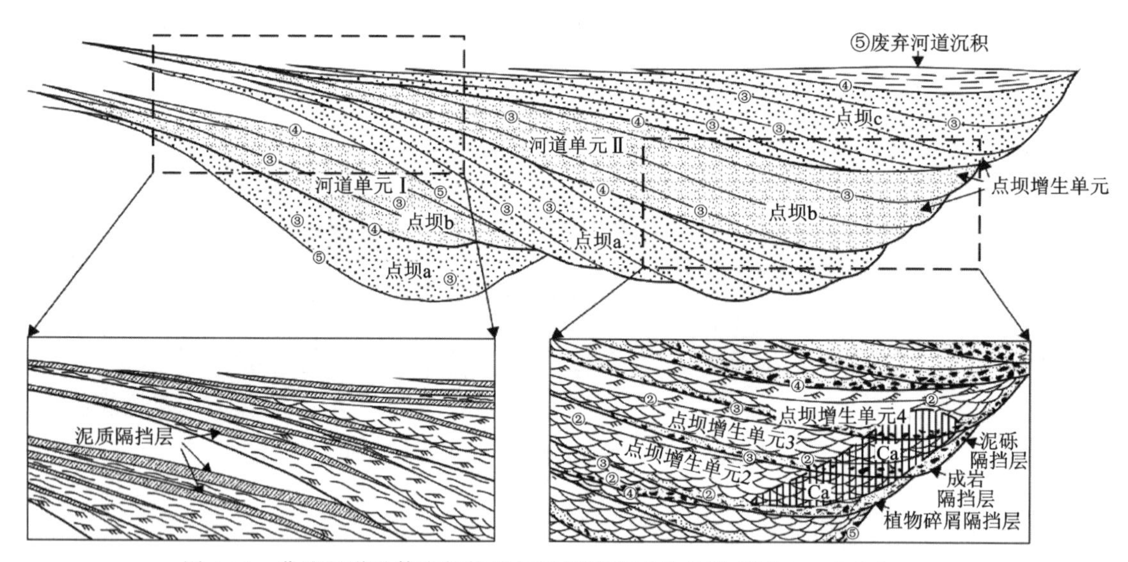


图 4-10　曲流河道砂体内部构成与隔挡层类型分布模式图(据焦养泉等,1995)

需要说明的是露头不能完整地反映层序,既不能观察到地层沿倾斜方向的变化,也不能全面地看到层序各界面的变化(李文汉,1993);而不同的研究者可主观地选择不同的不整合面在相同盆地中进行对比,甚至不用相同的原则来进行层序界线的选择。这些人为的差别,在露头研究中屡见不鲜。因此,在强调进行野外层序地层学研究的同时,必须全面开展层序地层学研究,即只有做到露头与地下地质相结合开展综合研究,才能取得符合实际的成果。

洪泛平原微相由砂质铁质泥岩、灰质铁质泥岩组成,层理不发育,主要呈块状构造。

图 4-11　焉耆盆地哈满沟剖面八道湾组大型辫状河三角洲河口坝沉积演化特征

A. 透镜状分流河道砂体多期叠置；B. 大型楔状交错层理含砾细砂岩；C. 水道充填交错层理含砾细—中砂岩；D. 高角度交错层理含砾细砂岩。

图 4-12　库车坳陷克孜勒努尔沟剖面巴西盖组湖泊三角洲体系露头沉积特征

（据王家豪等，2006）

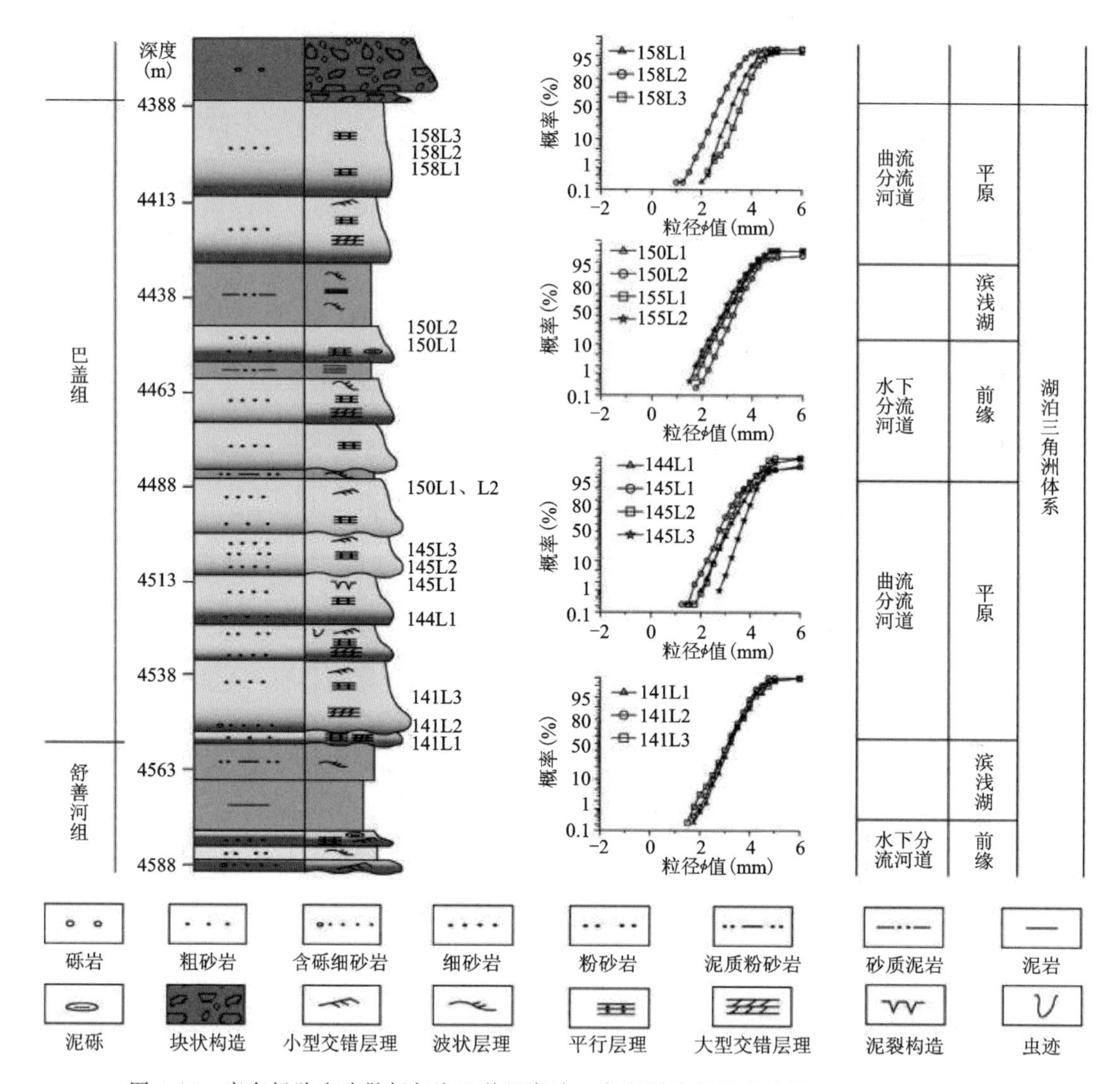


图 4-13 库车场陷克孜勒努尔沟巴盖组湖泊三角洲露头的沉积特征(据王家豪等,2006)

# 第四节 层序地层学剖面"线"类图件的编绘

## 一、连井层序地层分析对比图

连井层序地层分析是开展"线"上层序地层分析，是将钻井层序分析得到的结果并列在一张连井剖面上，对其进行三级或四级层序、体系域、准层序组以及准层序级别的单元对比。主要目的是在二维纵向剖面上解释研究区的沉积相和沉积体系域的分布，为平面的沉积相、沉积体系展布作图提供帮助。在连井剖面的对比中，需要与过连井中各井或邻近各井的地震剖面相对照并随时进行调整。在高分辨率层序地层学研究中，不仅要对比传统层序地层学中的层序、体系域，而且还要对比高频层序地层分析中的高频旋回(图 4-14)。

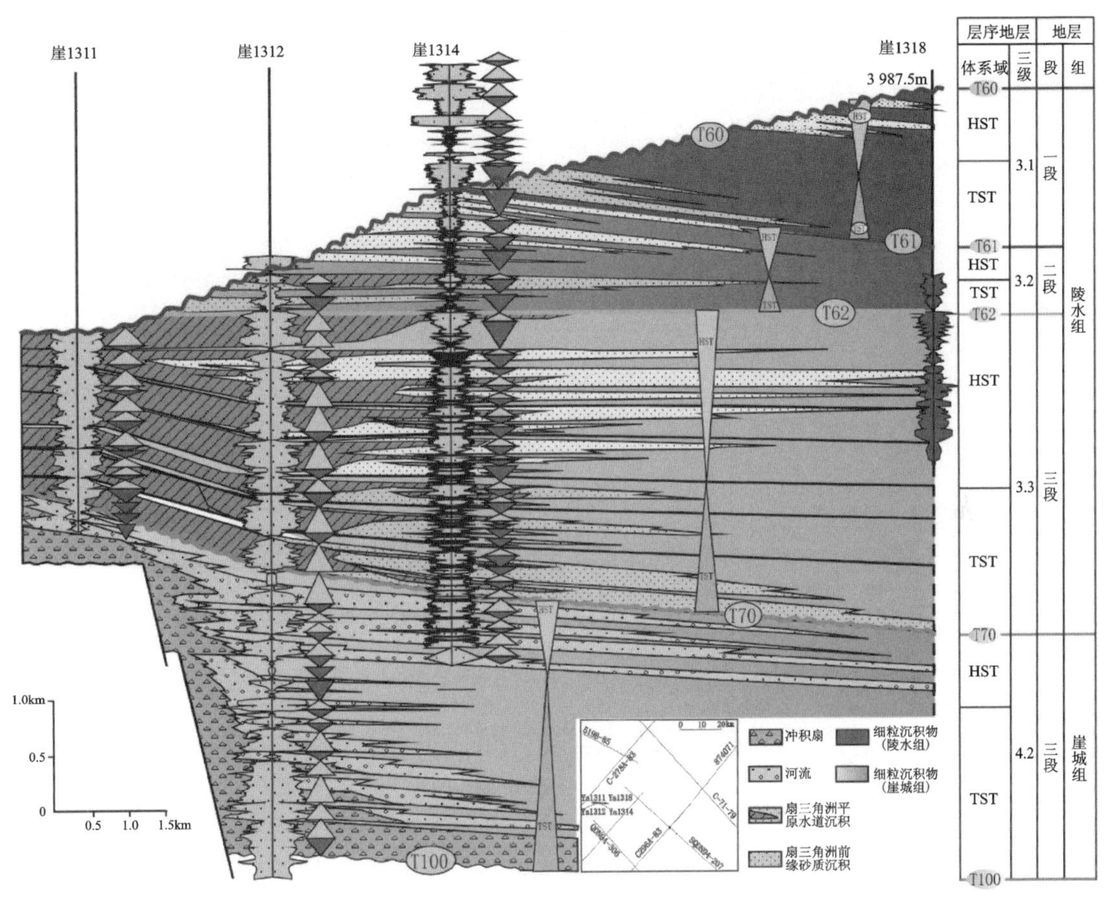


图 4-14　琼东南盆地过崖 1311 至崖 1318 井古近系沉积断面图

## 二、地震剖面的解释图

在地震剖面上开展层序地层格架划分工作(图 4-15)，并将井的岩性剖面、测井曲线、层序划分、体系域、沉积体系和沉积环境分析等标定在地震剖面上，与地震剖面上的地震相进行相互对比、验证，以便更精确地识别和划分二维沉积相与沉积体系，为无钻井区域内的地震剖面上的层序地层分析提供可类比的实例，并为下一步研究区平面上的沉积相、沉积体系分析提供参考。

另外，可以将地震解释的沉积体系和沉积相的结果与单井解释的结果相配合，得出二维剖面的沉积断面图，其中既包括钻井曲线的高频旋回分析，又包括地震剖面上高级别的层序地层分析，同时还包括沉积相、沉积体系的分析。

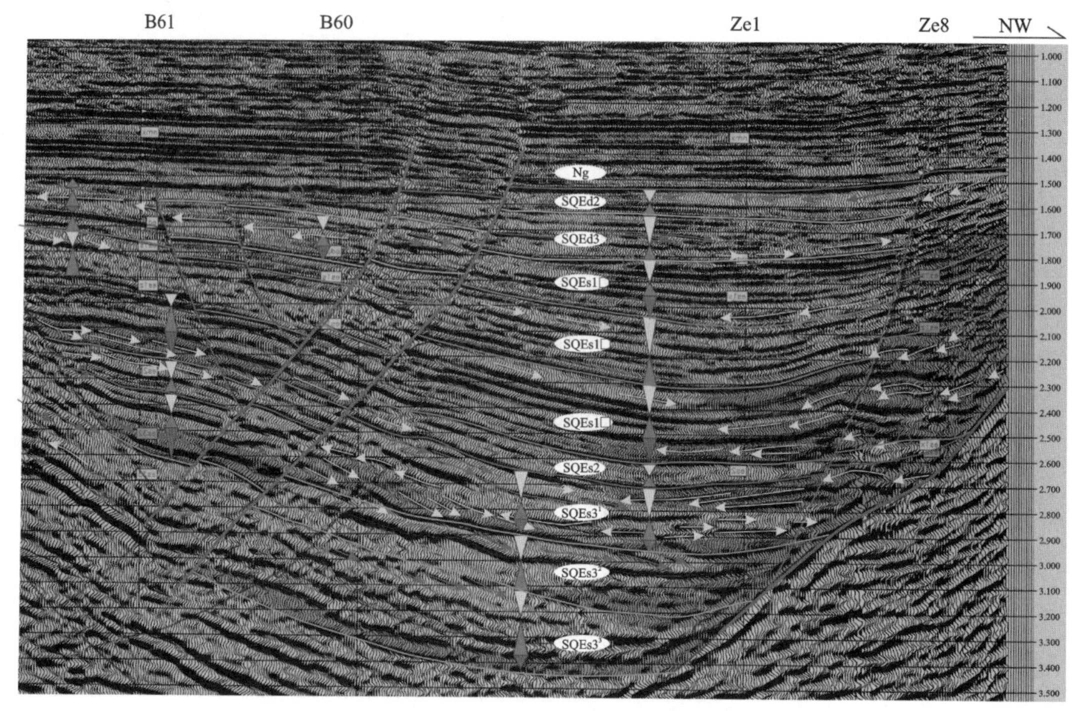


图 4-15　板桥凹陷某地震测线剖面的层序地层解释图

# 第五节　层序地层学“面”类图件的编绘

## 一、层序界面、海泛面(凝缩段)等空间展布图

此类图件主要是“面”开展层序地层在平面上的分布特征，这类图件的勾绘常常是地质与地球物理相结合的综合地质解释技术的配合，需要应用高品质的三维地震剖面资料进行精细的室内地震剖面的构造解释，并结合钻井资料进行相关的关键界面(层序界面及其他体系域界面)的编图工作(图 4-16)。

## 二、沉积相图(包括构造对沉积的控制作用)

此类图件将钻井相分析、地震剖面分析等结果进行总结与提炼，并结合其他合成地震等资料的信息，按以各个不同的层序、体系域或准层序组为单元进行作图，建立相应成图单元的沉积相分析平面图(Eschard et al.，1998；Herbert，1999；林畅松等，2000；Gerald et al.，2001；Hodgetts et al.，2001；Janok et al.，2001；Stephen，2001)。目前沉积相平面图多以三级层序

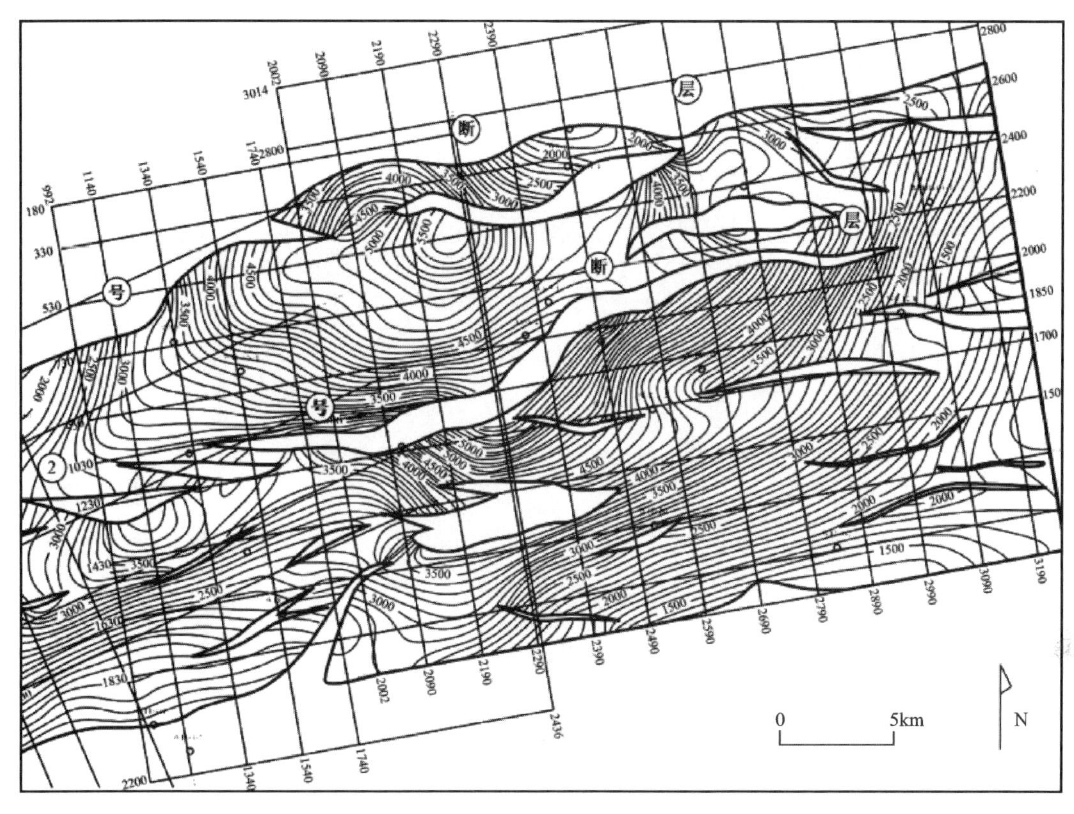


图 4-16　澜西南凹陷东部 S60 层序边界深度等值线图(单位:m)

的体系域为成图单元进行图件的编绘,有时以准层序组为成图单元进行编图。同样在三维空间上完成的立体图则可以很清晰地展示同沉积期的古地貌环境和古沉积分区以及构造对层序地层的形成、沉积相分布的控制作用(图 4-17)。

## 三、沉积体系图(或岩相古地理图)

在沉积相作图的基础上,根据钻井测井曲线的沉积体系分析和地震资料信息划分的层序地层、沉积体系资料,在平面上以层序或体系域为单元作沉积体系图(或岩相古地理图),如图 4-18所示。沉积体系图在传统的沉积学研究中也有广泛应用,但在层序地层学中以层序、体系域为单位作图,可以更精确地给沉积环境定位,因为在不同的层序格架下,其层序、体系域的时空定位是清晰的,不会存在一般沉积学分析中的穿时现象。

在大型沉积盆地分析或低研究程度区开展层序地层学研究时也常常需要编绘沉积体系图。

## 四、其他相关的平面图类

在层序地层学研究中涉及众多的平面图类型,下面 6 类图件相对比较常见。

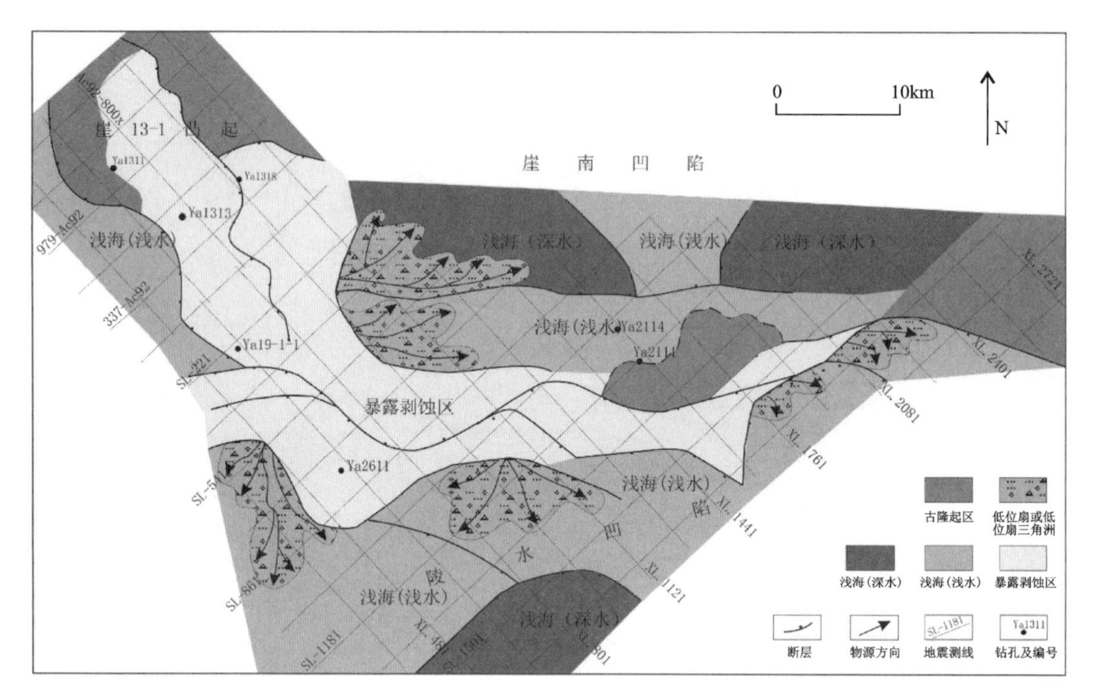


图 4-17 琼东南盆地西部 S72—S80 层序低位体系域沉积相与构造格架关系图(据王华和陆永潮等,2000)

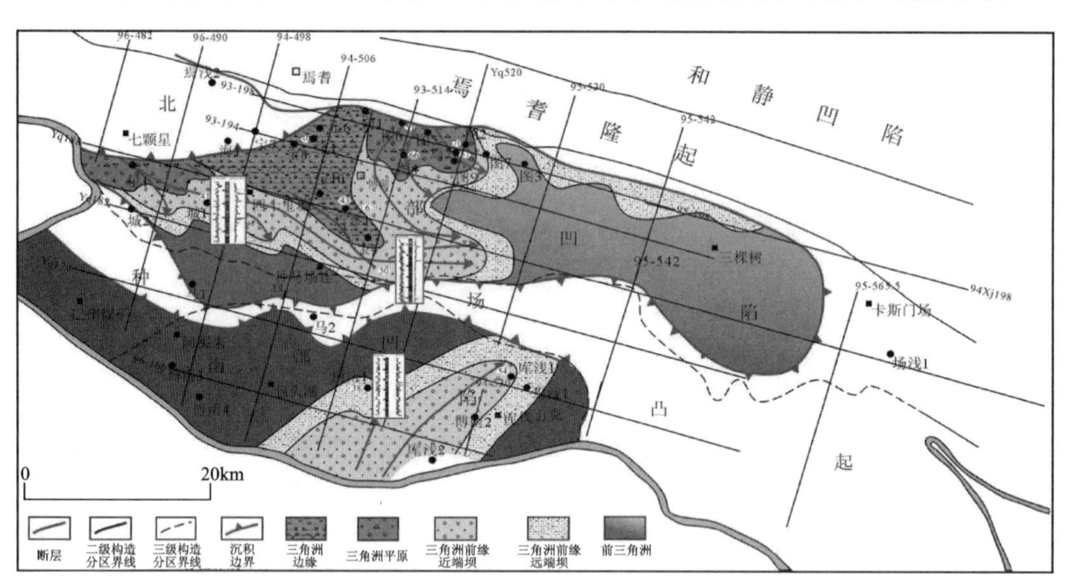


图 4-18 焉耆盆地西山窑组中段层序($J_2x^2$ 层序)沉积体系空间配置图

(1)根据盆地模拟等技术计算出的盆地内不同层序(层序组)、体系域等单元的地层剥蚀厚度平面展布图。

(2)识别出的不同规模的层序或体系域单元的沉降速率平面图。

(3)三级层序及其不同体系域单元的地层厚度图。

(4)不同层序或体系域单元地层内部砂岩百分含量(%)和厚度(m)等值线图(图 4-19)。

(5)三级层序界面的古地貌与相应的体系域砂体的平面叠合图。

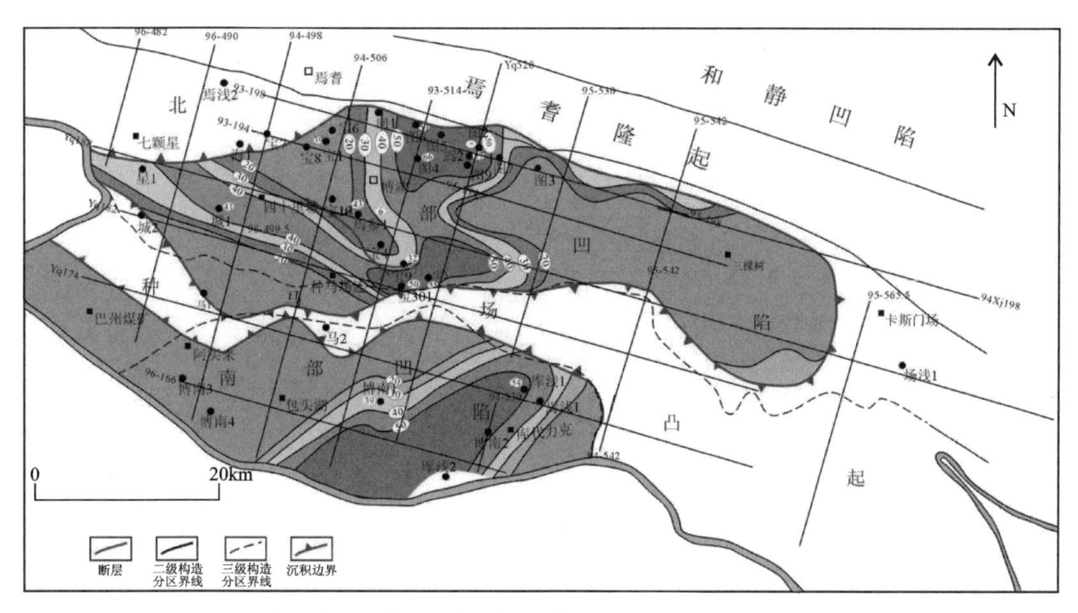


图 4-19　西山窑组中段层序($J_2x^2$层序)砂岩厚度百分比平面展布图(据赵忠新,2006)

(6)有利油气储集相带预测图等(图 4-20)。

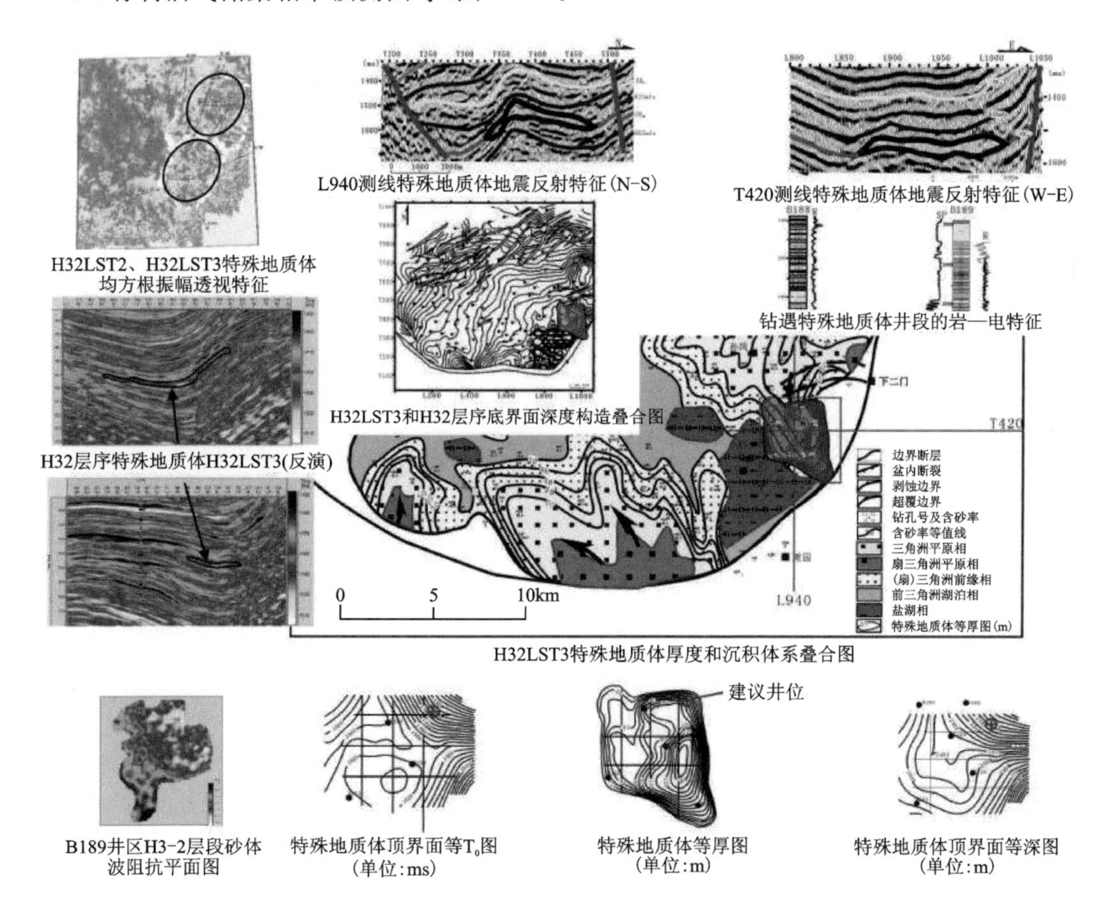


图 4-20　泌阳凹陷古近系有利油气储集相带预测及有利勘探目标选择图

# 第六节　立体类图件的编绘

## 一、层序地层模式立体图

该类图件主要是在“体”上开展层序格架三维分析，编绘方法是选择若干典型的过盆地中心的地震剖面，通过对这些地震剖面层序地层的划分，建立盆地的层序地层格架，进而总结出盆地中地层发育演化特征，将盆地地层发育的特征抽象、提炼和总结，表示出层序地层学研究需要的地质要素。另外，层序地层学研究归根结底是为油气勘探服务的，而在三维空间上构建层序地层模式图一直是人们的追求。因为三维空间上的模式图要比二维的信息更加全面，其预测功能会更加强大(图 4-21)。

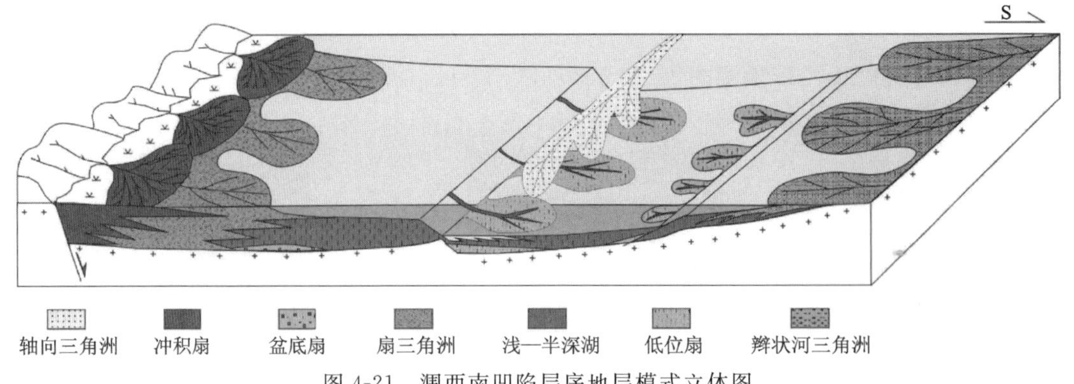


图 4-21　涠西南凹陷层序地层模式立体图

另外，人们更希望结合层序地层模式立体图完成一张三维的成藏模式图，该类成藏模式图是在以上几种图件综合分析的基础上提炼总结出来的，所以其包含的内容是抽象的、综合的、高度概括的，既包括成藏要素(生油岩、储层、盖层、输导体系)，又包括地质要素(地层展布、构造特征、沉积相分布、沉积环境特征、层序地层格架等)。

## 二、同沉积期古地貌立体图

利用回剥软件所作的同沉积期的沉积速率图和古地貌图对重建沉积相展布及古地貌分布有极其重要的意义。现今层序界面的等 $T_0$ 构造图并不能很准确地反映同沉积期的古地貌。只有在利用回剥技术的基础上结合古水深的合理估算，考虑成岩压实、构造抬升剥蚀等因素所完成的某个界面在同沉积期的古地貌图，才能更接近真实的古沉积环境。其中古地貌立体图可以直观地反映同沉积期的地貌环境(沟谷的分布、剥蚀区的范围、沉积中心、坡折带)(图 4-22)，为储集砂体的预测提供理论基础。对不同沉积期的古地貌分别作图，可以反映古地貌的演化，间接反映沉积环境的变迁，包括构造运动、湖平面升降、剥蚀区、沉积区的空间展布与配置等。

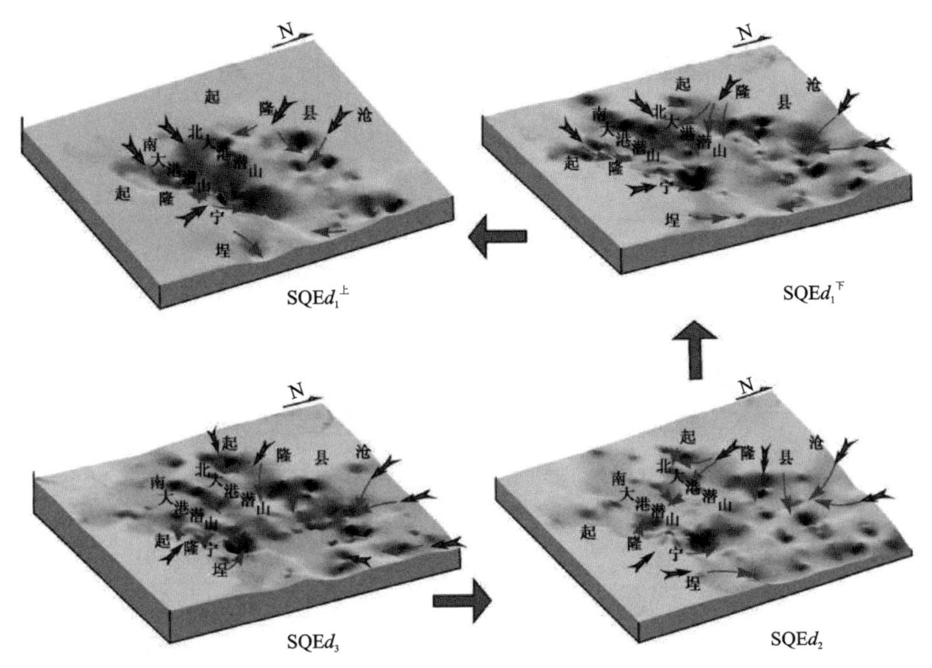


图 4-22　黄骅坳陷东营组各个层序边界同沉积期古地貌立体表征及其演化对比图(据王华等,2006)

# 第七节　演化类“时”图件的编绘

## 一、等时地层格架图

层序格架的发育本身就是一个沉积演化的过程，需要在时间域上即“时”开展层序格架演化分析。等时地层格架是在依据地层界面的等时性、对盆地中各地层单元精确对比的基础上建立起来的地层框架，它保证了界面及层序单元对比的等时性，内部的合理分级及沉积构成特征。层序地层格架成为年代地层格架则需要与高精度古生物学、同位素地质学、古地磁学等方法结合，确定界面的年龄。层序地层格架是依据层序界面的等时性、盆地中的各地层单元之间的形态和相互关系建立起来的年代地层框架。它不仅保留了层序界面的等时性，还注重层序及体系域等地层单元的成因分析。同时建立的盆地地层格架与生油岩、储层、盖层之间的对应关系以及建立的沉积盆地格架与地层岩性油气藏分布之间的关系可以综合评价某沉积盆地石油地质基本条件，指出有利的油气勘探与开发的方向。

此类图件的编绘方法较多，一般是选择若干典型的过盆地中心的地震剖面，通过对这些地震剖面层序地层的划分，建立盆地的层序地层格架。在这些层序地层格架图的基础上，将主要的沉积间断面或不整合面拉平或近似拉平，就可以做出等时地层格架图。等时地层格架可以表明层序地层沉积序列、沉积砂体的时空展布特点、沉积间断时间等(图 4-23)。等时地层格架图的主要作用是表明盆地中层序地层的发育演化过程，是一个四维的"时"分析。

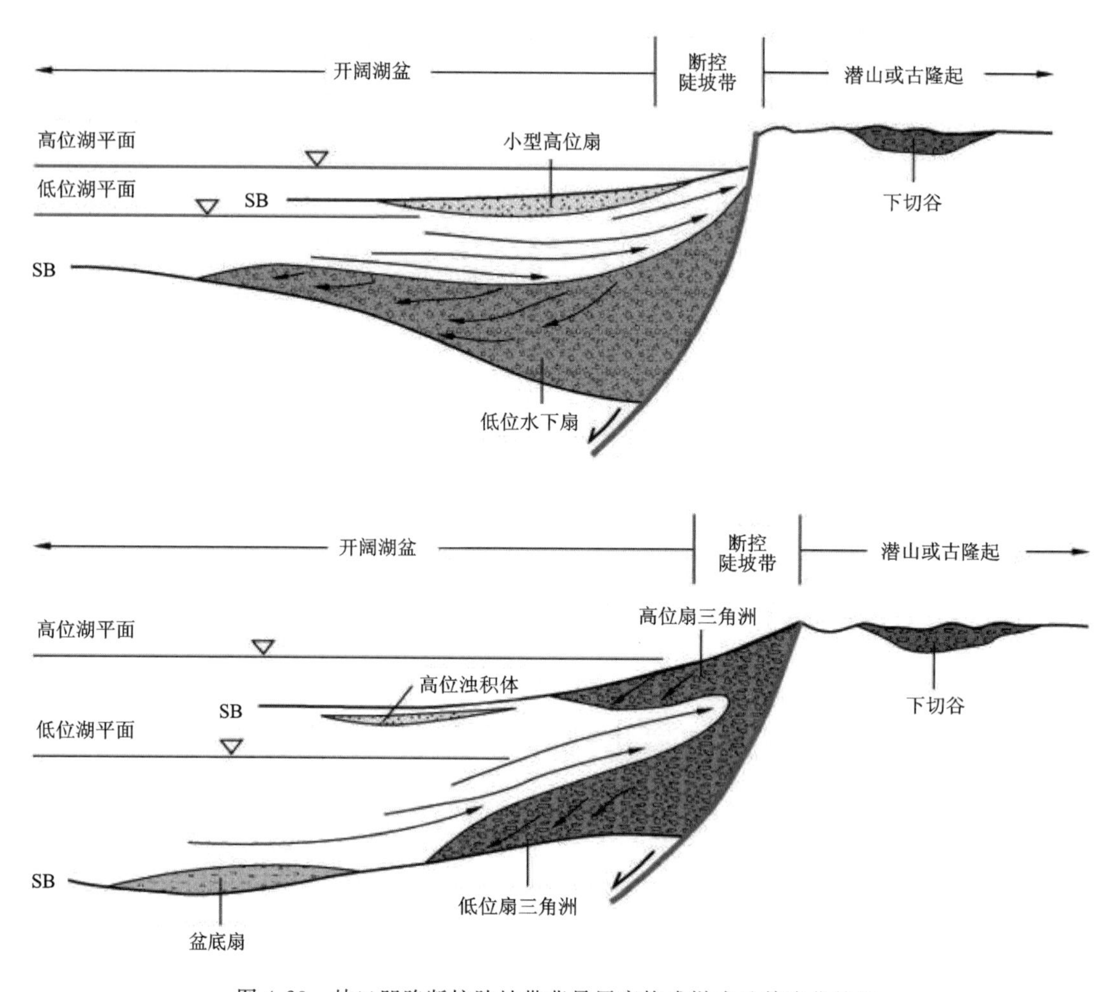


图 4-23　歧口凹陷断控陡坡带背景层序构成样式及其演化特征

## 二、层序地层解释总结图(表)

在钻井和地震剖面的综合解释后，为了总结层序地层的总体发育特征而编绘的层序地层发育图(表)，它能直接将层序解释的结果列出，也可以加上解释过程中需要的资料，例如岩性剖面、测井曲线生物地层、构造运动、海平面变化等。

另外，从层序地层解释与总结方面可以看出，层序地层学的新理论、新方法能够更精确地对比地质时代，并在钻前预测储层、生油岩和盖层，对勘探和开发岩性圈闭中的油气藏尤为有效。层序在充填形成的不同时期或不同的沉积体系域中具有不同的充填特征。因此，在不同阶段层序的沉积充填对油气形成与聚集有不同的作用和影响。陆相盆地构造复杂，具有近物源、多物源的特征，沉积旋回周期相对较短，从而决定了湖盆中沉积和层序充填方式的复杂性与多样性。不同的沉积背景和不同的构造活动带都具有不同的层序地层模式（图 4-24）。

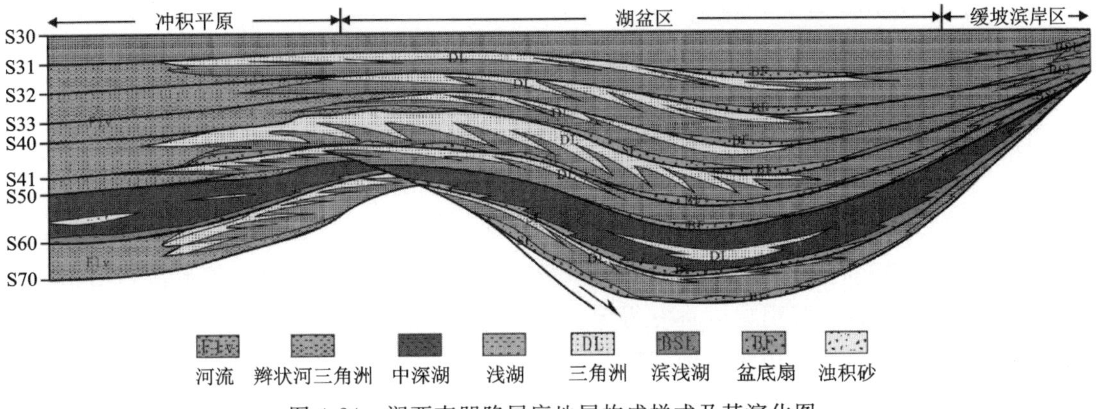


图 4-24　澜西南凹陷层序地层构成样式及其演化图

# 第五章　产教融合与生产实践

我国具有最完善的陆相盆地类型体系、最复杂的陆相盆地成盆过程、最丰富的陆相盆地研究资料，其构造-层序-沉积响应具有得天独厚的天然条件，是开展陆相层序地层构型研究的天然试验场。同时，大陆边缘盆地和陆相盆地存在海(湖)平面、盆地属性、控制因素、物源供给、沉积充填等一系列的差异，我国特色陆相沉积盆地层序地层构型具有多样性、特殊性，不能简单地照搬、借用国际通用的模式，应建立其独特的层序地层模型。层序地层学理论在我国陆相盆地中得到了广泛应用，成功指导了陆相盆地油气勘探开发，不断地丰富、拓展了层序地层学理论，起到了很好的科教融合、产教融合示范作用。

本章主要结合层序地层学实践应用案例，采用取“点、线、面、体、时”的研究思路、工作流程和研究方法，介绍钻井、地震及井震结合的层序界面精细识别、追索和对比，划分不同级次的层序地层单元，建立不同级次层序地层格架，重建沉积地貌、沉积环境，研究层序地层单元构成样式，建立层序地层模式，分析盆地层序地层、沉积充填演化过程。

## 第一节　产教融合实践应用内容

在层序地层学产教融合实践应用过程中，“点、线、面、体、时”每个环节需要完成不同的研究内容，获取不同的研究成果图件。

点：充分利用钻井资料垂向高分辨率特点，基于岩心、测井资料进行层序地层分析，划分单井准层序、体系域、不同级次层序，总结层序界面、洪泛面特征，分析其沉积相和沉积体系的配置关系，建立钻井层序地层格架，为连井层序地层的对比奠定基础。该环节主要成果图件包含单井层序划分图、岩心相分析图、单井沉积相图。

线：充分利用地震资料横向连续、高分辨率特点，结合钻井资料垂向高分辨率特点，井震结合，优势互补，建立层序地层划分方案，开展井间层序地层格架分析，进行连井剖面、过井地震剖面、典型地震剖面层序地层格架建立和对比，精细识别、追索和对比研究区不同级次层序界面，建立研究区层序地层格架，获取不同级次层序界面信息，总结层序地层发育模式剖面图，为后续沉积环境、沉积体系分析提供基础数据。该环节主要成果图件包含层序地层划分方案图、连井层序-沉积相对比图、井震对比过井地震层序-沉积相剖面图、典型地震层序-沉积相剖面图、层序-沉积相发育模式剖面图。

面:基于获取的不同级次层序界面、信息,进行地层界面、地层厚度的平面信息分析,开展古地貌(剥蚀地貌、沉积地貌)平面分析,获取沉积环境、沉积背景信息,明确物源区、搬运区、沉积区的凸起、高地、残丘、沟槽、边界类型、坡折类型、斜坡类型、斜坡分布、低洼汇水区形态等,正向剥蚀单元、负向沉积地貌单元分布及其时空组合;在古地貌的基础上,结合点、线环节获取的沉积信息,进行主物源方向、沉积主体区判别,开展沉积体系、砂分体系及其与古地貌耦合分析,明确盆地充填方式和沉积体系的空间配置,为预测隐蔽砂体展布、生油岩段、盖层的分布提供地质理论基础。该环节主要成果图件包含不同级次层序界面平面分布图、层序厚度平面分布图、古地貌平面分布图、沉积相平面分布图、沉积相发育模式平面图。

体:基于获取的各类平面图,进行三维立体显示,直观展示层序界面、层序厚度、古地貌、沉积相、沉积模式的空间展布形态,分析古地貌图、古水系、波折类型、沉积体系等源-汇系统各要素的空间耦合关系。该环节主要成果图件包含不同级次层序界面立体分布图、层序厚度立体分布图、古地貌立体分布图、沉积相立体分布图、沉积相模式立体图、源-汇系统耦合模式图。

时:基于获取的不同级次层序界面平面分布图、层序厚度平面分布图、古地貌平面分布图、沉积相平面分布图,进行时间尺度上的盆地古地貌、层序地层、沉积相演化过程分析,重建沉积盆地沉积充填过程及其时空耦合,明确沉积盆地沉积充填发育史。

## 第二节 产教融合实践——以珠江口盆地珠一坳陷惠州凹陷为例

珠江口盆地位于中国南海北部广阔的大陆架和陆坡的边缘,东部和西部分别以台湾、海南两岛为边界,面积约为17.5万$km^2$,是北东-南西向展布的中国近海最大的含油气盆地。珠江口盆地大地构造位置位于华南大陆南缘,受太平洋板块、印度洋板块以及欧亚板块交会作用影响,处于复杂的大陆动力学背景下,是在古生代及中生代复杂褶皱基底上形成的新生代含油气盆地。珠江口盆地以北东向断裂体系为主控,与北西西向断裂共同控制了盆地的隆凹格局,具有南北分带、东西分块的构造格局,主要划分了“三隆夹两坳”5个构造单元:北部隆起带、北部坳陷带、中央隆起带、南部坳陷带、南部隆起带。

珠一坳陷是盆地北部坳陷带的一个负向构造单元,走向北东,且大致与海岸线平行。分布范围:西北邻北部断阶带,东南部受控于东沙隆起及番禺低隆起(均为中央隆起带的内部构造单元),西南与珠三坳陷相接,东北毗邻澎湖北港隆起。珠一坳陷发育的北西向低凸起及北东向断裂体系共同控制了内部具有东西分块构造特征的凹陷分布格局。凹陷分布由西向东依次为恩平凹陷、西江凹陷、惠州凹陷、陆丰凹陷、韩江凹陷,以及海丰隆起和惠陆低凸起两个正向构造单元。

惠州凹陷是珠一坳陷重要的油气主产区,位于珠一坳陷中部,走向与坳陷相同,均为北东向。惠州凹陷主要发育多个雁行式展布的正断层系,其中以北东向边界大断裂为主,同时与之共轭的后期发育的北西(北西西)向断裂体系共同控制了其洼隆相间的构造格局。凹陷由南向北可分为南部断裂带、中部凹陷带、北部断阶带,中部凹陷主体划分为多个小洼陷,包括HZ24 洼、XJ36 洼、LF7 洼等(图 5-1)。

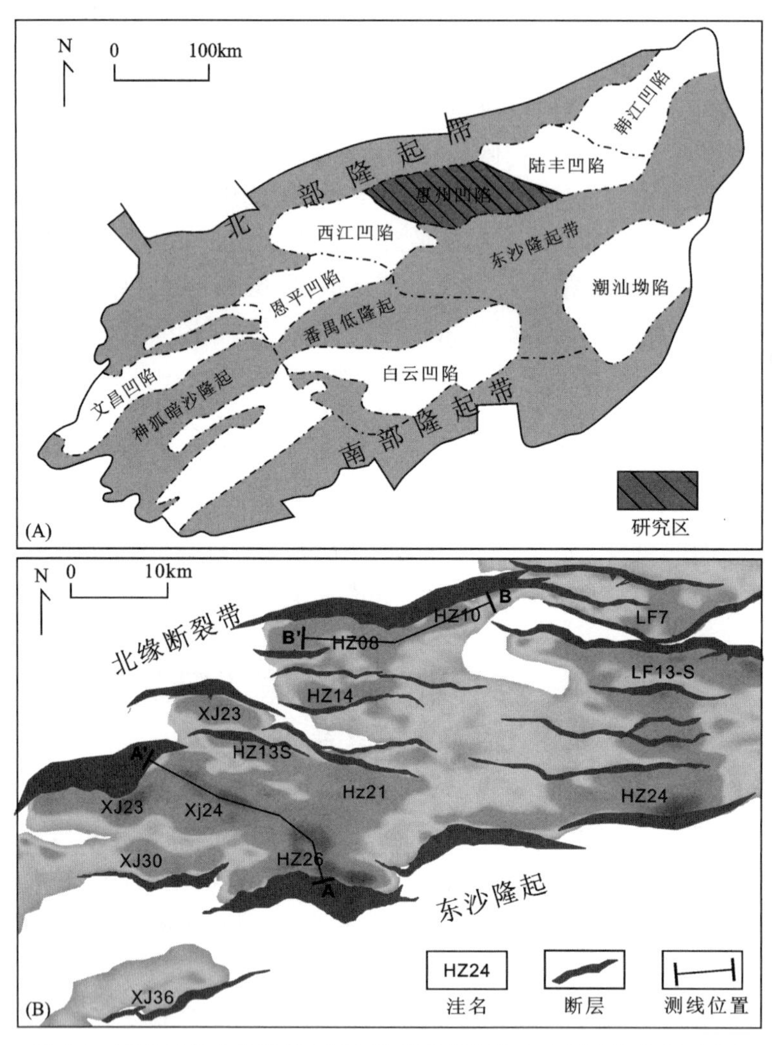


图 5-1 珠江口盆地构造单元图(A)和惠州凹陷及内部洼陷分布图(B)

珠江口盆地是新生代被动大陆边缘裂谷盆地,与中国近海其他的裂谷盆地发育相似,具有下断上坳的双层结构。盆地主要发育在中生代褶皱基底之上,从始新统到第四纪期间,地层发育完全。由于盆地在形成过程中经历了多期区域构造运动,形成了盆地下断上坳、下陆上海、陆生海储等一系列特征,因此将盆地分为上、下两个构造层,即古近系和新近系。盆地主要沉积了 8 套地层,包括古近系的神狐组、文昌组、恩平组和珠海组,新近系的珠江组、韩江组、粤海组、万山组及第四系。

本次分析目的层位为惠州凹陷古近系文昌组。

## 一、文昌组层序地层划分方案

沉积盆地的沉积充填可划分出与各级沉积旋回相对应的层序地层单元。追踪对比由不整合面或不整合面及其对应的整合面为界的高级别层序地层单元建立的区域性等时地层格架,对盆地构造古地理再造和油气勘探战略性研究至关重要;追踪四、五级等低级别层序地层单元和体系域建立的高精度层序地层格架,可为重点区域或区(带)的沉积体系和储集体的沉积构成与分布等的解剖提供精细的地层对比基础。

本次研究将惠州凹陷古近系文昌组划分为7个三级层序(图5-2)。

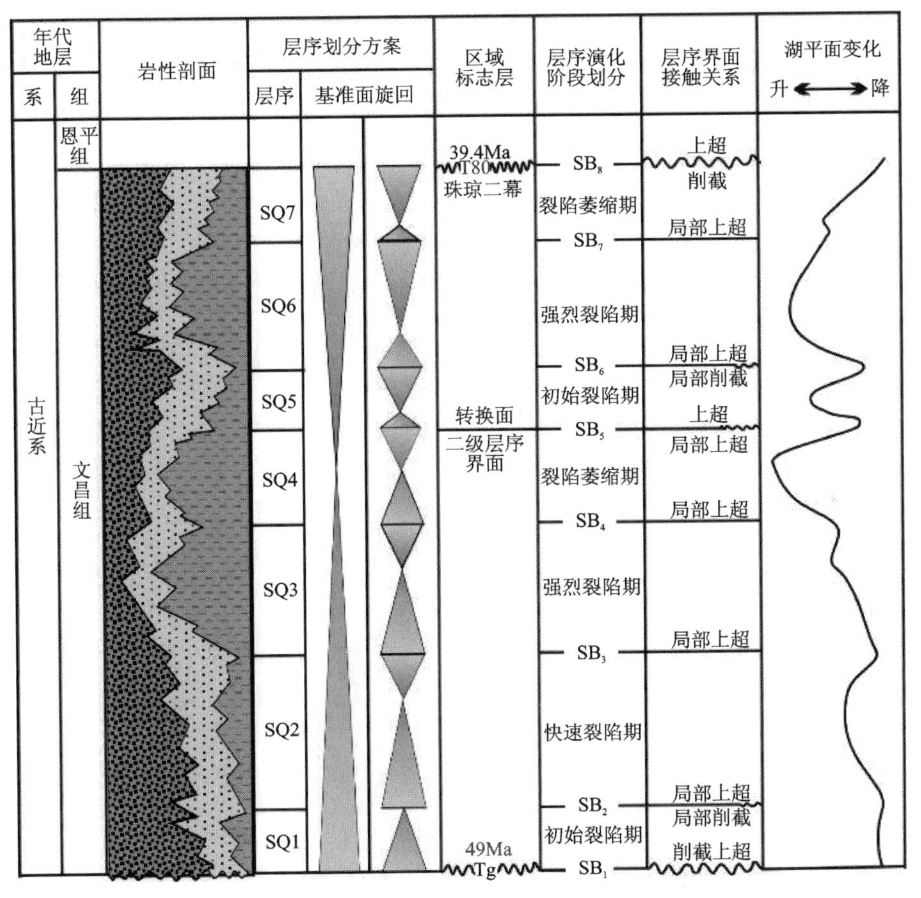


图5-2 研究区古近系文昌组层序划分方案图

下文昌组自下而上由三级层序PSQ1、PSQ2、PSQ3、PSQ4构成,分别对应于初始裂陷期、快速裂陷期、强烈裂陷期、裂陷萎缩期。上文昌组自下而上由三级层序PSQ5、PSQ6、PSQ7构成,演化上分别对应于初始裂陷期、强烈裂陷期、裂陷萎缩期。恩平组由三级层序PSQ8、PSQ9、PSQ10、PSQ11构成,形成发育上各自代表了初始断陷阶段、强烈断陷阶段、断坳转换阶段和萎缩阶段。4个层序构成了湖盆由断陷向断坳及萎缩转化的完整沉积充填序列。

PSQ1：钻井未揭示，分布局限，为下文昌组初始裂陷期。底界面为 SB1（Tg），顶界面为 SB2。由于该时期，断层活动不稳定，此层序仅在 HZ26 洼和 PY4 洼有小范围发育，难以区域追踪，分析为裂陷早期形成的火山岩和粗碎屑岩反射。

PSQ2：底界面为 SB2，顶界面为 SB3。该层序分布较广，为快速裂陷期。该时期断层活动性强，易形成欠补偿环境，有利于烃源岩的发育。

PSQ3：底界面为 SB3，顶界面为 SB4。该层序是下文昌组分布最为广泛的层序，井-震标定和地震层序地层构成分析表明钻井揭示的文昌组主要为层序 PSQ3 的地层，形成于强烈裂陷阶段。同 PSQ2 一样，该时期断层活动较强，有利于烃源岩的形成。

PSQ4：底界面为 SB4，顶界面为 SB5。地震剖面上 SB5 表现为文昌组内部的沉积转换面，以此转换面为界，上文昌组较下文昌组的沉积中心发生变化，整体表现为由南向北的迁移。PSQ4 为下文昌组沉积的末期，处于萎缩阶段，分布局限。

PSQ5：底界面为 SB5，顶界面为 SB6。该层序分布范围小，仅在个别洼陷局部发育，形成于上文昌组裂陷时期的初始阶段。自此，开始了又一期的裂陷。

PSQ6：底界面为 SB6，顶界面为 SB7。该层序是下文昌组分布最为广泛的层序，厚度大，也是主力烃源岩层之一。该层序形成于上文昌组强烈裂陷时期。

PSQ7：底界面为 SB7，顶界面为 SB8（T8）。该时期为上文昌组裂陷萎缩期。

PSQ8：底界面为 SB8（T8），顶界面为 SB9。本层序的沉积区基本都靠近惠州凹陷的边缘部位，反映在恩平时期沉积之初，整体上大的洼陷未形成，并且洼陷的深度比较浅。该层序代表了恩平组的断陷初期。

PSQ9：底界面为 SB9，顶界面为 SB10。PSQ9 时期，恩平沉积整体连片，地层厚度变化不大，地势比较平坦。

PSQ10：底界面为 SB10，顶界面为 SB11。底界面 SB10 为恩平组内部的断坳转换面，湖盆开始由断陷向坳陷转变。PSQ10 湖盆进一步变浅，浅水三角洲发育。

PSQ11：底界面为 SB11，顶界面为 SB12（T7）。该层序分布范围小，为恩平组的沉积萎缩期。该时期结束，湖盆被填平。

## 二、层序界面特征

### 1. 钻井层序界面的识别标志

1）层序界面特征

层序界面是一个反映进积与退积的转换面，地层剖面上具有明显的冲刷及其上覆的滞留沉积物，这类旋回界面一般是突变的。岩性上表现为转换面上下岩性较粗，为粉砂岩、细砂岩、中砂岩、粗砂岩，单层砂岩厚度和砂岩层数有向上或向下减少的变化趋势。电性表现：电阻率为中高值，自然伽马为低值，转换面附近呈钟形-箱形。本次研究划分 3 种钻井界面识别标志：①生物地层资料，利用浮游藻类标志可以区分不同二级层序，如以文昌组-盘星藻为代表的淡水浮游藻类；珠海-桤木粉；珠江组-水龙骨单缝孢-海相沟鞭藻组合；上下文昌准二级层序则具有上文昌组球藻含量高于盘星藻，下文昌组球藻含量低于盘星藻；②由区域性不整合而造成的层序界面，如XJ24-1-1X砂质泥岩、XJ36-3-1粉砂岩与基底的不整合接触；③砂岩底部的岩性，电性突变面，一般是由冲刷作用造成的，河道冲刷面是指由于基准面下降，发生河道侵蚀作用，在河道底部形成块状砂岩和河底滞留沉积物，如HZ08-1-1井等。

2)湖泛面的识别标志

最大湖泛面出现在基准面上升和下降的转换位置，是可容纳空间最大时的沉积，是湖水不断扩张产生的地层逐步上超向下超面的转换位置。发育稳定的泥岩通常是密集段的特征，它标志着水进体系域与高位体系域之间的最大洪泛面，表现为颜色较深的泥岩、粉砂质泥岩，自然电位曲线为高值，呈平直状，电阻率曲线为低值，呈平直状，自然伽马平直微齿状。电测曲线组合上明显呈缩颈特征，向两端呈喇叭形特征。

**2. 地震层序的识别**

在三级层序或三级以上层序的研究中，地震资料解释是最方便也是最有效的方法之一。一方面，地震反射同相轴本身所具有的等时性含义，使地震反射同相轴的结构特征直截了当地反映出层序内部各个界面(等时面)的结构形态；另一方面，地震剖面在二维和三维空间上的连续性，又可在二维或三维空间上连续圈定和追踪这些不规则分布的层序界面，提供了最便利的资料。

由地震反射的空间连续性，可以方便地在二维或三维空间上追踪这些不规则分布的层序界面。此外，地震反射同相轴之间的终止关系可以反映层序内部的地层特征，为体系域研究提供了帮助。具体地震层序的识别标志和原则如下：反映地层不协调关系的地震剖面上特殊的反射波终止型式，即顶超、削蚀、上超为划分层序的主要依据，兼顾内部总体反射特征；地震反射特征(振幅、连续性、频率、地震相等)在区域上发生重大变化；在地震剖面上尽可能详细地识别出各种不整合及其所限定的层序，然后逐级合成较高级别的层序或层序组；充分利用已有的VSP(垂直地震剖面)资料和合成地震记录资料，建立地震剖面和钻井剖面之间的联系，并利用地震剖面上典型反射波组特征，进行全盆地范围纵、横向剖面追踪、对比和闭合，以提高层序划分的可靠性和可对比性。根据以上识别标志，可以对地震层序进行层序界面和层序湖(海)泛面的识别与划分。

1)地震层序界面

(1)地震层序界面的识别及类型。根据地震层序的识别原则，利用井-震标定，进行层序的追踪解释，研究区共识别出不同级别的层序界面12个，自下而上命名为SB1—SB12。这12个三级层序界面可以分为4类(如图5-3～图5-6)，具体如下。

Ⅰ类：区域不整合面(构造抬升不整合、古隆起不整合)，SB1(Tg)、SB8(T80)、SB12(T70)，界面上下可见上超、削截反射特征(图5-3)。

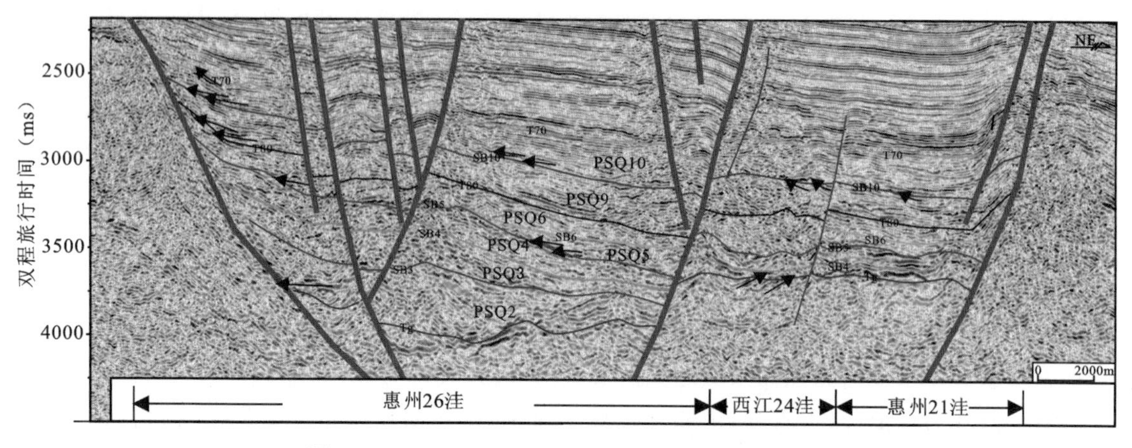


图 5-3　a05ec-hz-26 地震测线指示的层序界面特征

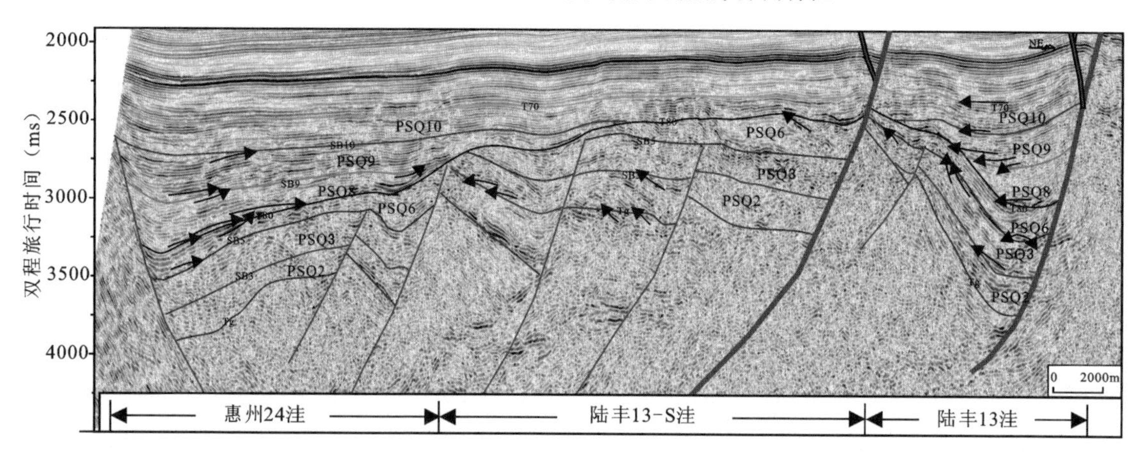


图 5-4　a05ec-hz-3 地震测线指示的层序界面特征

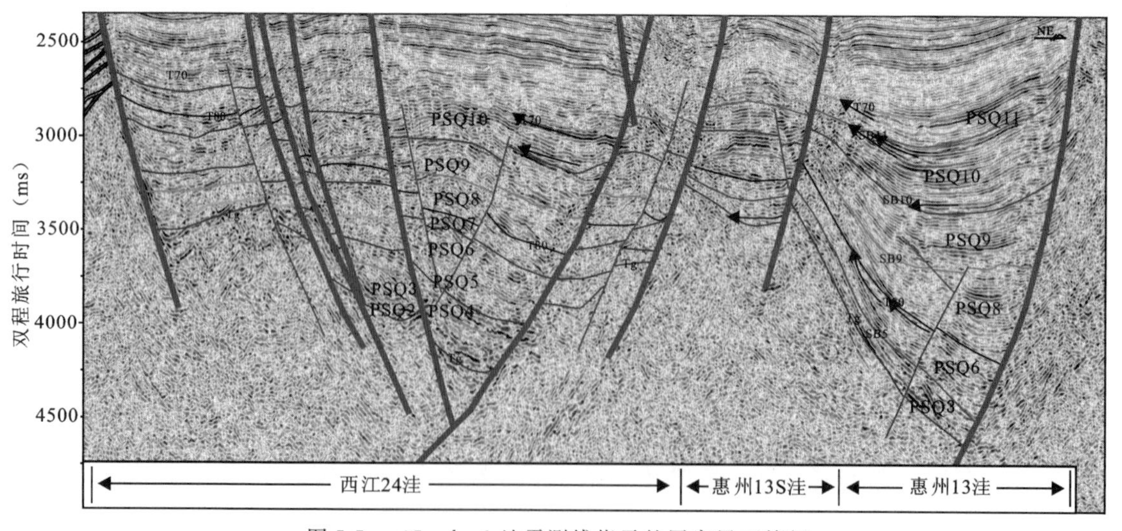


图 5-5　a05ec-hz-1 地震测线指示的层序界面特征

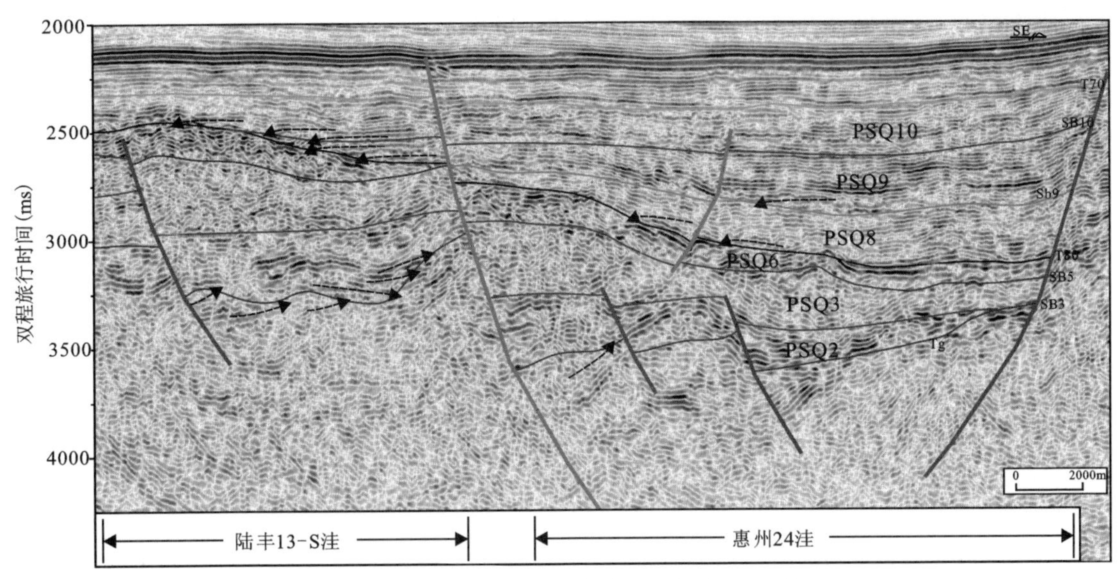


图 5-6　a79pr1713a 地震测线指示的层序最大洪泛面特征

Ⅱ类:区域沉积沉降转换面(文昌组内部准二级层序界面),SB5,界面之上可见上超、界面之下局部见削截反射特征(图 5-4)。

Ⅲ类:局部不整合面,恩平组内部层序界面 SB10、SB11,可见上超、削截反射特征(图 5-5)。

Ⅳ类:超覆不整合面(上超面),SB2、SB3、SB4、SB6、SB7,超覆特征明显(图 5-6)。

(2)湖(海)泛面地震。该界面在地震上表现为上覆地层的下超面,上覆地层表现为前积特征,而下伏地层则表现为退覆沉积特征,在地震剖面上常表现为连续稳定的强反射轴。

## 三、典型单井、连井、过井地震层序分析

层序地层格架的建立,一般遵循点→线→面的步骤,首先划分单井层序,通过地震合成记录标定,将单井的层序界面投到地震资料上,然后选取骨干剖面,一般选择过井的剖面进行界面的解释,最后通过加密解释展开到面上。本次工作是在完成惠州凹陷内钻遇恩平组和文昌组所有钻井的层序地层分析的基础上,对工区的层序等时地层格架进行了研究,主要依靠连井层序地层分析剖面和地震层序地层格架来开展的,将研究区划分为 1 个一级层序、3 个准二级层序、11 个三级层序。

### 1.典型单井高分辨率层序地层分析

单井层序地层和沉积相研究是层序地层学研究的重要组成部分,是含油气盆地开展各项层序地层学研究关键的基础。

钻井层序(sequence)分析具体包括层序界面标定和准层序、准层序组(前积、退积或加积特征类型)、体系域划分的一系列过程。在湖盆内,准层序(Parasequence)是以湖平面上升为界的一套成因地层单元。低位体系域(LST)和高位体系域(HST)都由加积—前积的准层序

叠置组成；湖扩体系域（EST）由退积式准层序叠置组成（图 5-7）。

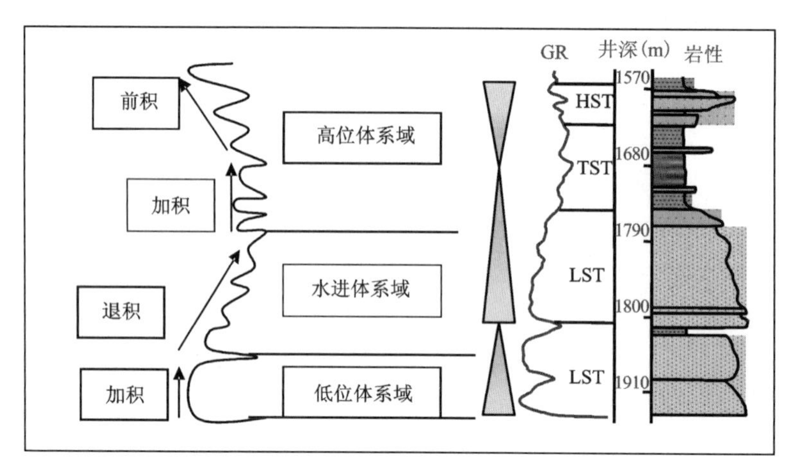


图 5-7　钻井层序地层解释模式

在确定层序界面、最大湖泛面、初始湖泛面和古水深时，强调利用高分辨率过井地震剖面的配合，尤其是强调剖面分析与单井分析的相互校正和印正（这一点相当重要）；根据这些井的层序、体系域类型对过井的主干或重点测线进行层序地层划分和沉积相的解译，横向上进行层位外延（推）与闭合，进而确定各级层序界面和主要间断面，根据不整合界面及其与之相对应的整合界面的特征来划分研究区的三级层序。在每一个三级层序的内部，根据初始湖泛面、最大湖泛面的特点进一步划分不同的体系域。

受构造和古地貌的影响，惠州凹陷内的各洼陷文昌组表现出分割性强、层序分布不均的特点，整个研究区没有一个洼陷是所有层序都发育的，钻井层序亦表现出这个特征，除 PSQ2、PSQ3、PSQ4、PSQ6 层序在个别井有钻遇外，其他层序均无井钻遇。到恩平组沉积时期，构造活动减弱，地势相对平坦，水体较浅但分布广泛，各洼陷相互连通，因此在钻井上钻遇率高，特别是 PSQ9 和 PSQ10 层序。

1）HZ25-4-1 单井层序地层分析

HZ25-4-1 井是研究区内既钻遇到文昌组又钻遇到恩平组的钻井之一，文昌组仅仅发育 PSQ4、PSQ6 两个层序（图 5-8）。

对应于 PSQ4 层序的长期旋回：为一对称旋回，上升半旋回（低位体系域和水进体系域）和下降半旋回（高位体系域）厚度基本相当。该层序为一套富砂层序，上升半旋回呈明显的退积特征；下降半旋回的砂岩先是逐渐增多然后又逐渐减少，呈现出先进积后退积的特点。

对应于 PSQ6 层序的长期旋回：为一对称旋回，上升半旋回（低位体系域和水进体系域）和下降半旋回（高位体系域）厚度基本相当。其中上升半旋回以富砂沉积，向上泥岩增多，呈现海进的特点；下降半旋回为一大套泥岩，说明该时期海退的过程很缓慢，水体深度变化不大。

2）PY5-8-1 单井层序地层分析

PY5-8-1 井是 PY4 洼一口重要钻井，钻遇地层厚度具有厚文昌、薄恩平特征，文昌组仅仅发育 PSQ2、PSQ3 两个层序（图 5-9）。

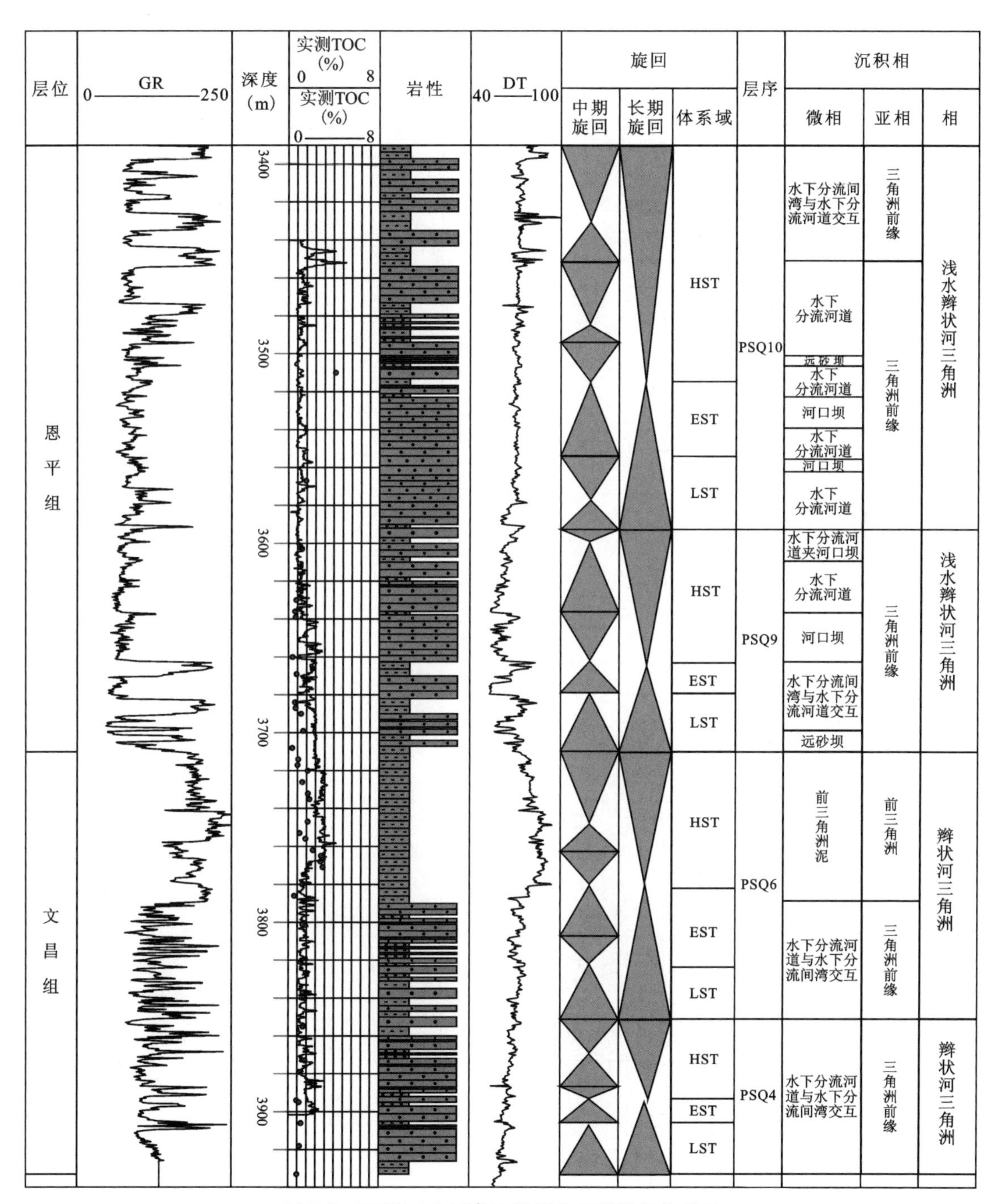


图 5-8　HZ25-4-1 层序地层划分和沉积相柱状图

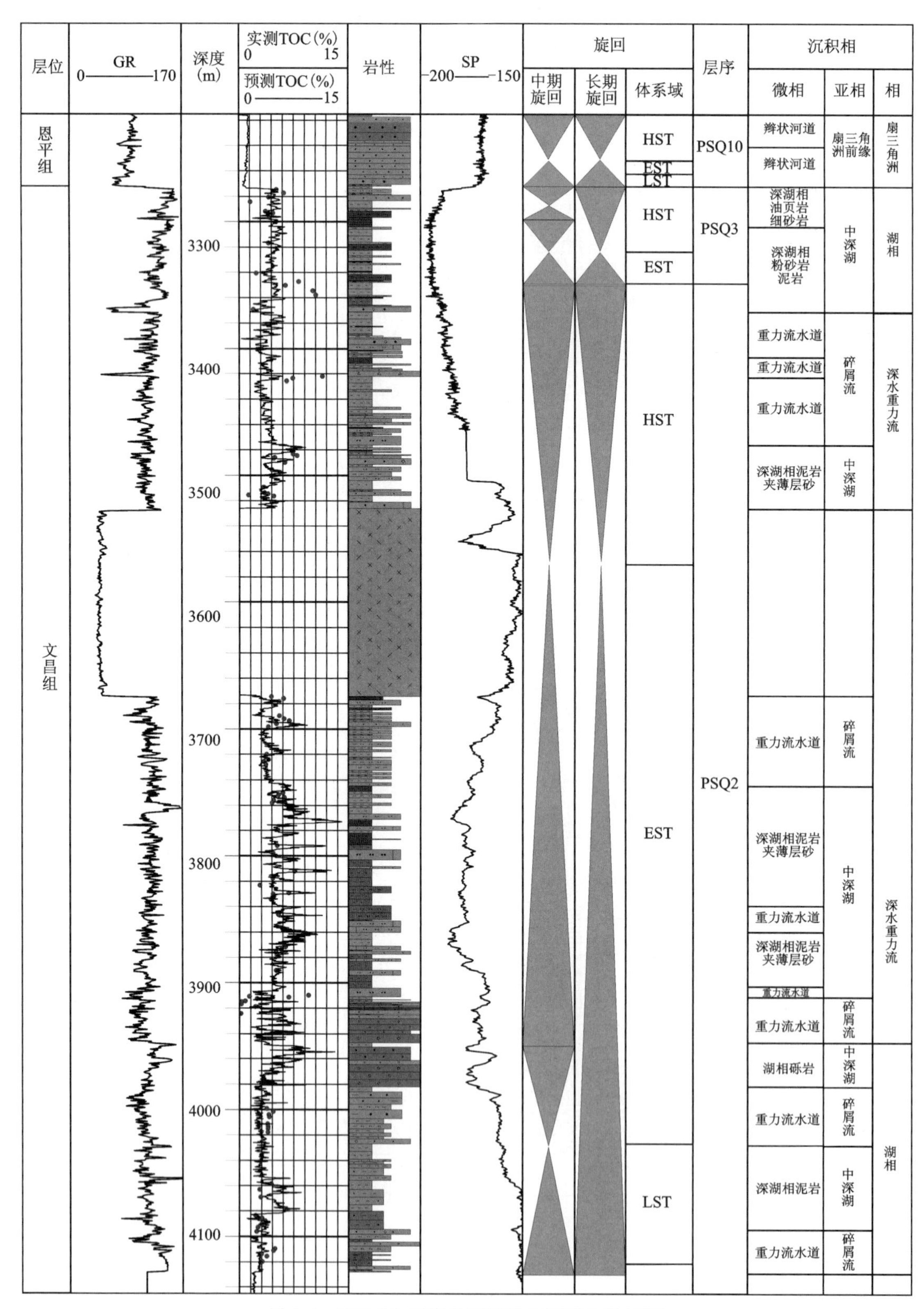


图 5-9　PY5-8-1 层序地层划分和沉积相柱状图

对应于 PSQ2 层序的长期旋回：PY5-8-1 井主体钻遇该层序，为一不完全对称旋回，上升半旋回(低位体系域和水进位体系域)厚度稍大于下降半旋回(高位体系域)厚度。上升半旋回基本上为一套砂泥互层沉积，退积特征明显；下降半旋回的薄层砂岩先是逐渐增多然后又逐渐减少，呈现先进积后退积的特点。

对应于 PSQ3 层序的长期旋回：为一对称旋回，上升半旋回(低位体系域和水进位体系域)略小于下降半旋回(高位体系域)厚度。地层厚度不大，岩性均以较厚层泥岩夹薄层砂岩为特征，下降半旋回的薄层砂岩逐渐增多，呈现进积的特点。

**2. 文昌组连井层序和过井地震层序地层格架分析**

连井高精度层序地层对比的目的在于变单井高精度层序分析的“点”为横向连井剖面的“线”，从而可以分析层序在空间上的展布方式，在层序内划分不同级次的基准面旋回以及各种沉积体系的展布，同时还便于和三维过井地震剖面进行对比、印证，为宏观沉积体系的划分和层序、体系域界面的确定提供依据。

共选择 4 条连井、过井地震层序地层对比剖面(图 5-10)，进行区域的钻井、地震层序地层格架研究。

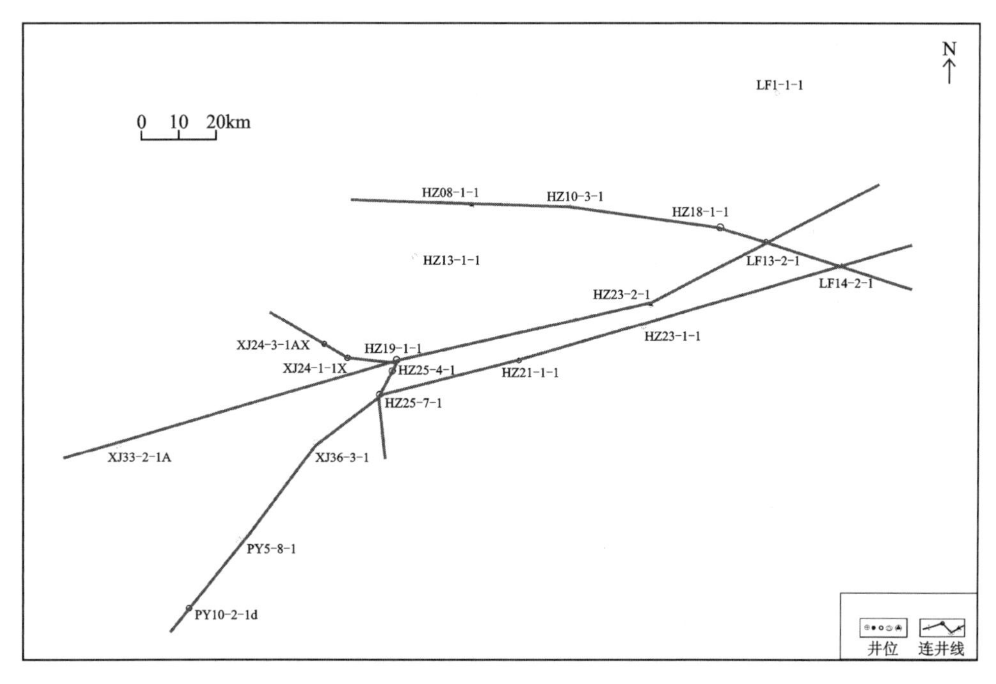


图 5-10　文昌组层序地层连井对比剖面位置图

对惠州凹陷文昌组连井层序地层对比分析(图 5-11～图 5-14)，层序发育具有以下特征。①惠州凹陷在文昌组沉积时期，各洼陷间分割性强，地层分布不均。②从洼陷中心到洼陷边缘，各层序逐渐减薄。③除 PSQ2、PSQ3、PSQ4、PSQ6 层序在个别井有钻遇外，其他层序均无井钻遇，表明在这些时期，断层活动相对较强。④各层序中低位体系域发育范围较小且薄，主要以高位体系域和水进体系域为主。⑤由于洼陷间分割性强，各个层序地层单元体系域的分布规律不明显。⑥下文昌组地层南厚北薄，上文昌组地层北厚南薄。

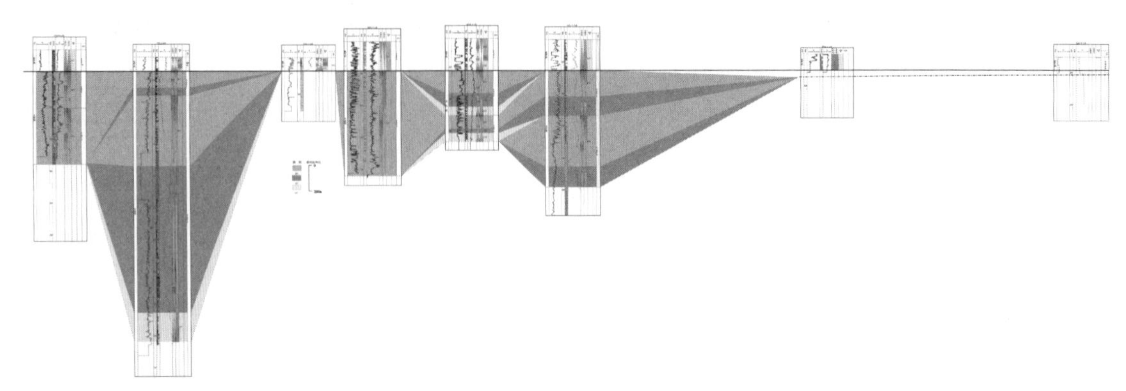

图 5-11　惠州凹陷 PY10-2-1—PY5-8-1—XJ36-3-1—HZ25-7-1—HZ25-4-1—HZ21-1-1—HZ23-1-1—LF14-2-1 文昌组高精度层序地层对比剖面图

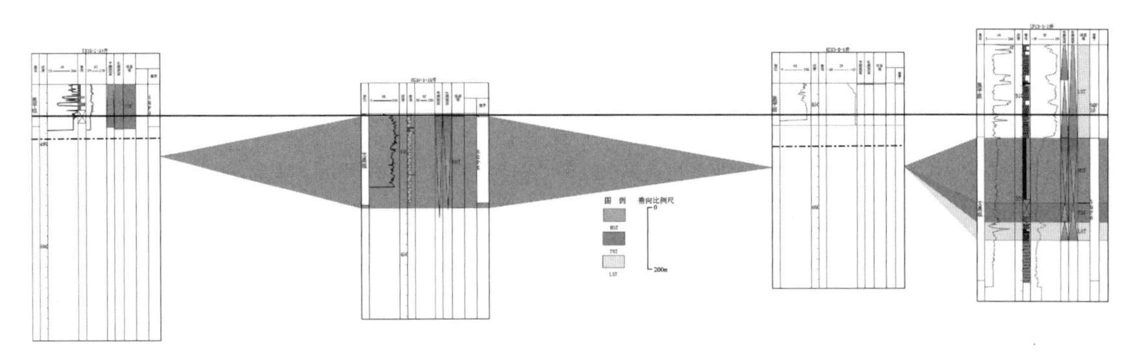

图 5-12　惠州凹陷 XJ33-2-1A—HZ19-1-1A—HZ23-2-1—LF13-2-1 文昌组高精度层序地层对比剖面图

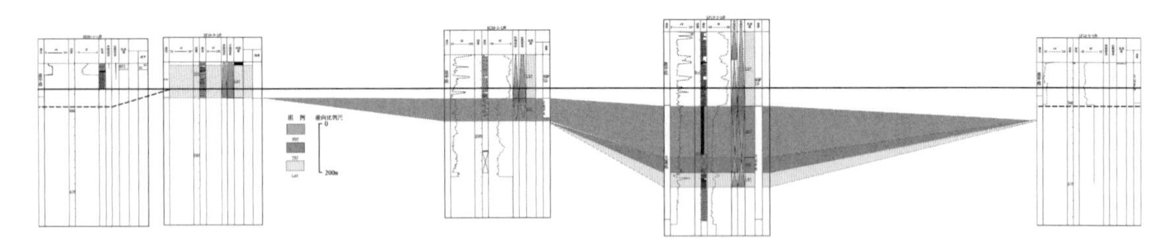

图 5-13　惠州凹陷 HZ08-1-1—HZ10-3-1—HZ18-1-1—LF13-2-1—LF14-2-1 文昌组高精度层序地层对比剖面图

**3. 文昌组三级层序平面展布特征**

由于受到构造、古地貌的影响，研究区洼陷间的分割性强，各个时期遭受的剥蚀程度和范围存在差异，因此不同层序的分布范围、在各个洼陷的发育特征和保存程度都有着明显的不同。

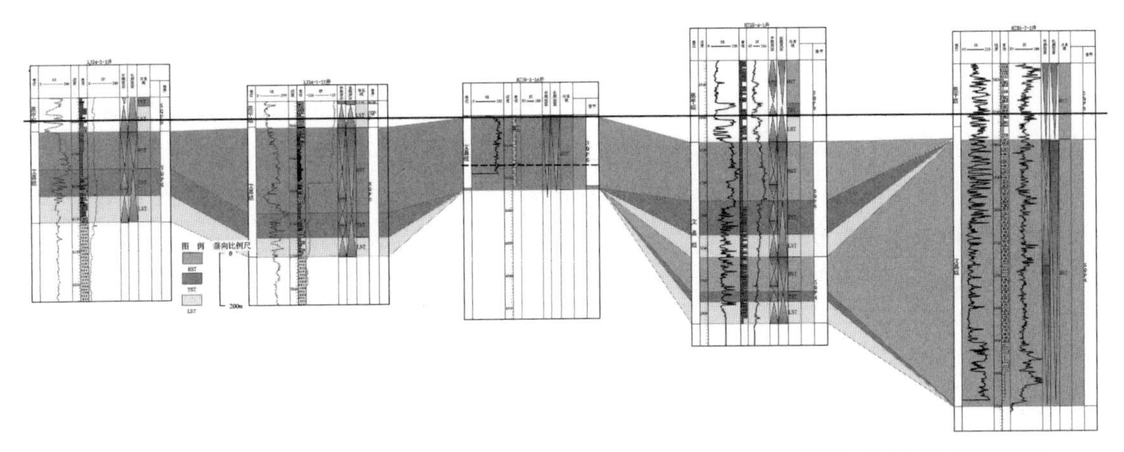

图 5-14　惠州凹陷 XJ24-3-1—XJ24-1-1X—HZ19-1-1A—HZ25-4-1—HZ25-7-1 文昌组高精度层序地层对比剖面图

1)下文昌组层序地层分布特征

PSQ1 层序(图 5-15):下文昌组初始裂陷期。PSQ1 层序局部分布,仅在南缘西部的个别洼陷(PY4 洼、HZ26 洼)有发育,且存于深洼部位,靠近南部深洼断裂厚度越大,说明文昌组沉积之初,南部控边断层的活动相对较早,断距较大,为粗碎屑岩的沉积提供了可容纳空间。

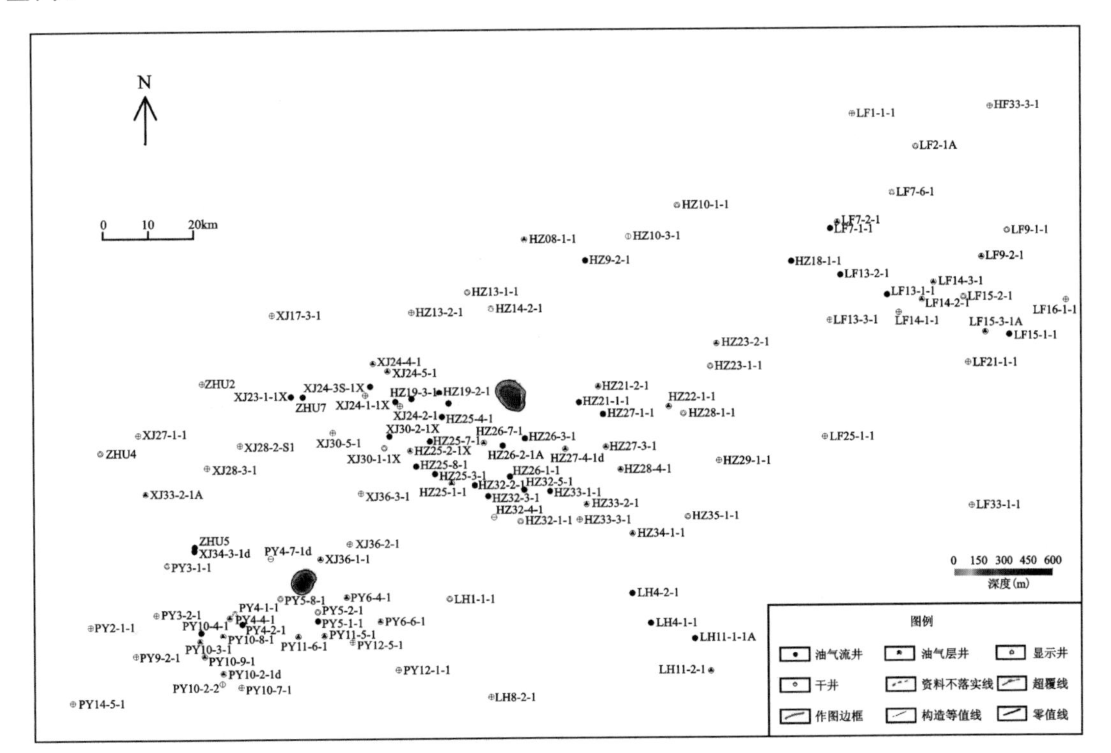


图 5-15　惠州凹陷及番禺 4 洼文昌组 PSQ1 层序地层等厚图

PSQ2 层序(图 5-16):下文昌组快速裂陷期,PSQ2 层序分布范围较 PSQ1 层序有所扩大,分别发育在 PY4 洼、HZ26 洼、HZ22 洼、HZ24 洼、LF13 洼、LF7 洼、XJ24 洼、HZ08 东次洼。这一时期,断层活动强烈,沉积物的堆积速率小于可容纳空间的增长速率,造成的欠补偿环境有利于烃源岩的形成。从等厚图上可见 PSQ2 在惠州凹陷的南缘凹陷较为发育,且厚度大,而在惠州凹陷的北缘,仅在 XJ24 洼和 HZ08 洼有零星分布,其他区域,不存在 PSQ2 时期地层,为沉积剥蚀区或沉积缺失区。在地层等值线图上,SQ2 地层厚度大的洼陷仍分布于南部控变断裂附近,说明该时期南部断层的活动性强于北缘断裂,形成的可容纳空间也较大。

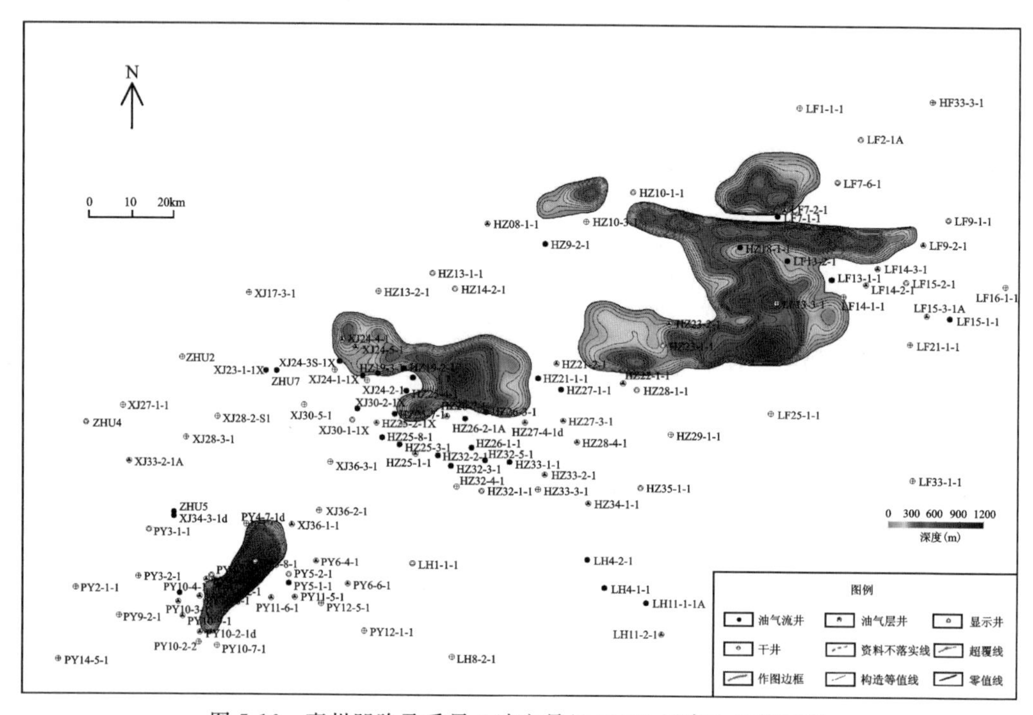


图 5-16　惠州凹陷及番禺 4 洼文昌组 PSQ2 层序地层等厚图

PSQ3 层序(图 5-17):下文昌组强烈裂陷期,PSQ3 层序分布广泛,在 PY4 洼和惠州凹陷的 16 个洼陷里均有发育。这一时期,断层活动较为强烈,沉积物的堆积速率仍小于可容纳空间的增长速率,也是烃源岩发育的主要层序之一。从等厚图上可见 PSQ3 展布范围大,是下文昌组分布最为广泛的层序,在各个洼陷均有发育。在地层等值线图上,PSQ3 层序厚度大的洼陷分布于南、北缘控边断裂附近,等值线密集;而在中部地区等值线稀疏,地层厚度变化不大,反映出地势较平坦。

PSQ4 层序(图 5-18):下文昌组裂陷萎缩期,PSQ4 层序分布范围较 PSQ3 层序有所减小,分别发育在 PY4 洼、XJ36 洼、XJ30 洼、HZ26 洼、HZ21 洼、XJ24 洼、HZ08 洼、HZ08 东次洼。该时期,断层活动整体减弱,局部出现抬升,地层遭受剥蚀。从等厚图上可见 PSQ4 的分布较为局限,仅在个别洼陷零星分布,并在整体上,表现为南缘西部(PY4 洼、XJ36 洼、XJ30 洼、HZ26 洼、HZ21 洼)发育,东部不发育,北缘东、西部的 XJ24 洼、HZ08 洼局部发育。虽然厚度整体较薄,但南北缘的厚度相似,体现了沉积中心逐渐向北缘迁移。

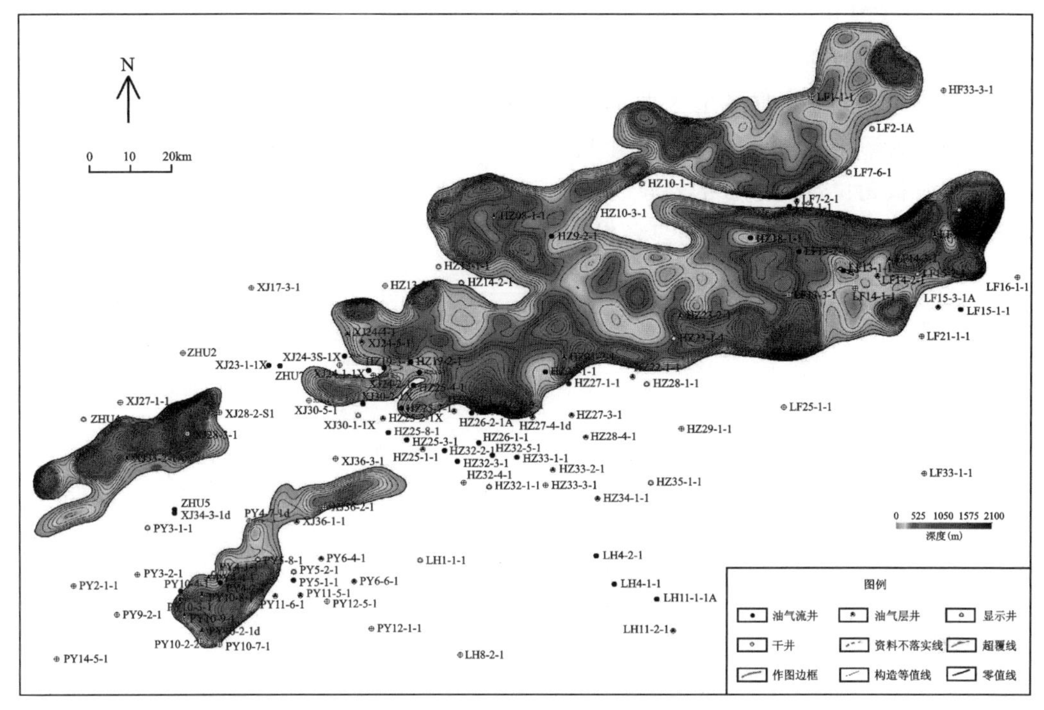


图 5-17　惠州凹陷及番禺 4 洼文昌组 PSQ3 层序地层等厚图

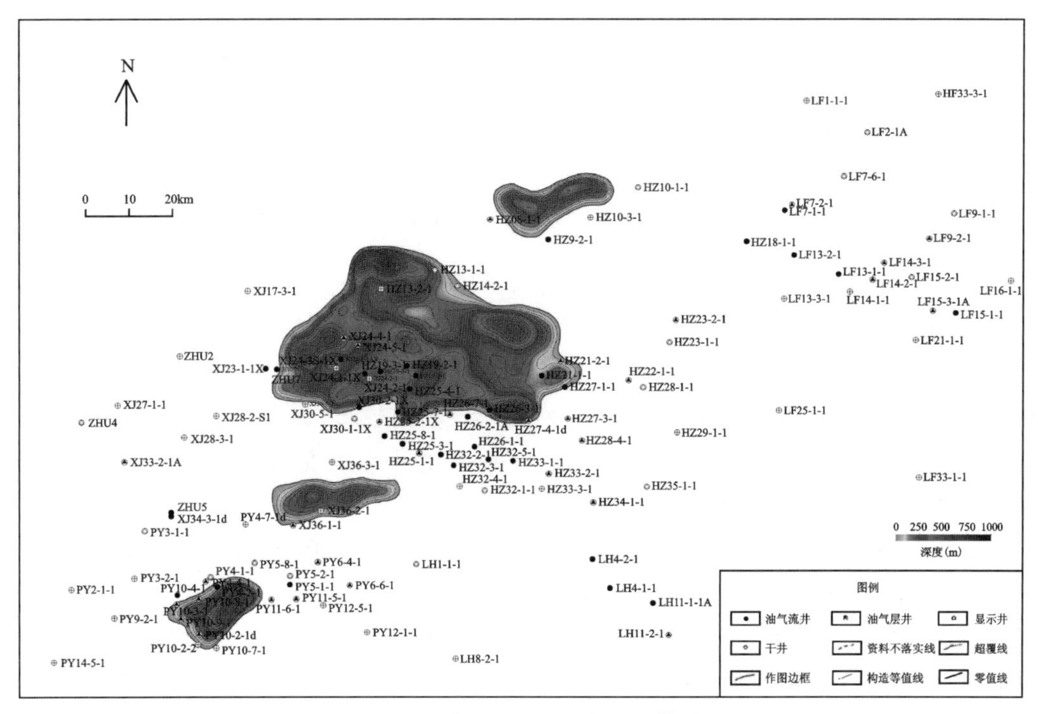


图 5-18　文昌组 PSQ4 层序地层等厚图

2)上文昌组层序地层分布

PSQ5层序(图5-19):上文昌组初始裂陷期,PSQ5层序局部分布,仅发育在HZ26洼、HZ21洼、XJ24洼、HZ13洼。相对于下文昌组层序,上文昌组地层的沉积中心开始向北偏移。从等厚图上可见PSQ5层序在南缘西部的洼陷(HZ26洼、HZ21洼)、北缘西部的洼陷(XJ24洼、HZ13洼)发育,且地层最厚处位于半地堑的中间部位,整体厚度都较薄,体现了它的南、北控边断层具有低角度滑脱断层的特征。这与下文昌组初始裂陷阶段的PSQ1层序只有南部断裂活动,北部断裂不活动存在明显差异。

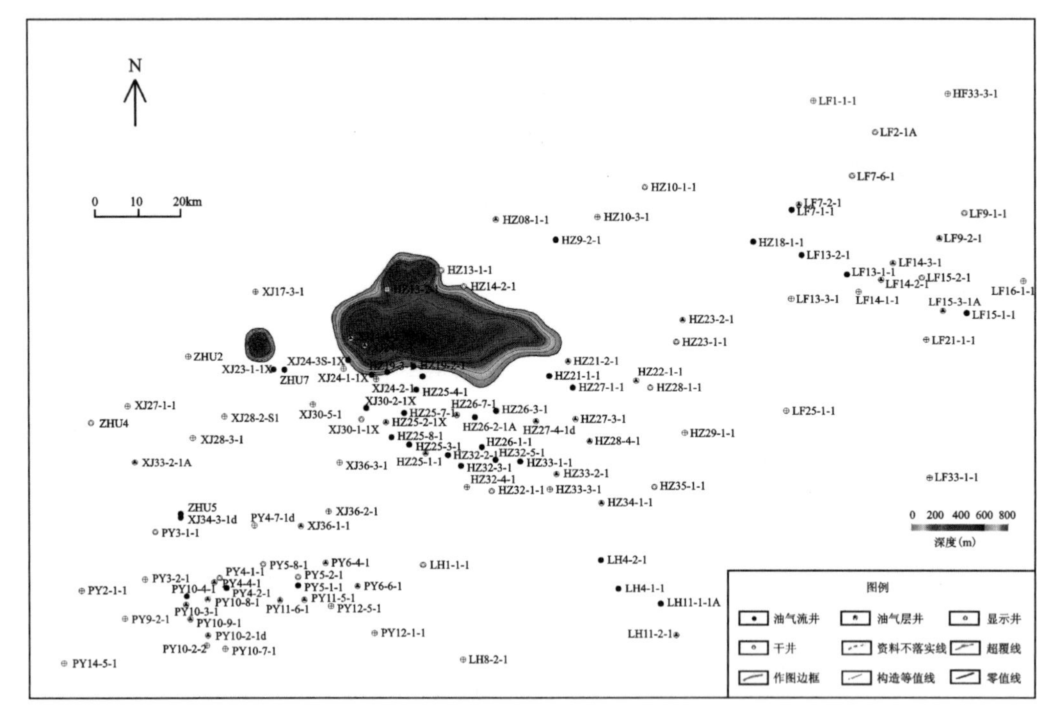


图5-19 惠州凹陷及番禺4洼文昌组PSQ5层序地层等厚图

PSQ6层序(图5-20):上文昌组强裂陷期,PSQ6层序广泛分布,在PY4洼和惠州凹陷的16个洼陷里均有发育。该时期断层活动增强,水体上升,地层在各个洼陷均有分布。该时期地层发育特征是上文昌组沉积中心向北迁移的有力证明。从等厚图上可见PSQ6层序沉积较厚区位于北部断层附近,且等值线密集,说明断层倾角较大;而南部断层附近的地层厚度小,且等值线稀疏,体现了地层厚度变化不大,地势较为平坦。说明在该时期,南部断层活动减弱,北部断层活动增强,沉积中向北迁移。

PSQ7层序(图5-21):上文昌组裂陷萎缩期,PSQ7层序局部分布,发育在XJ27洼、XJ23洼、XJ24洼、HZ14洼、HZ08洼。该时期,北部断裂活动减弱,南部断层停止活动,地层甚至开始抬升,接受剥蚀。从等厚图上可以看出,PSQ7层序在南缘洼陷不发育,仅在北缘的个别洼陷有分布,沉积较厚区位于北部断层附近,等值线较密,而在南侧半地堑斜坡部位等值线稀疏,地层厚度变化不大,反映出地势较平坦,这也体现了北断南超的特点。

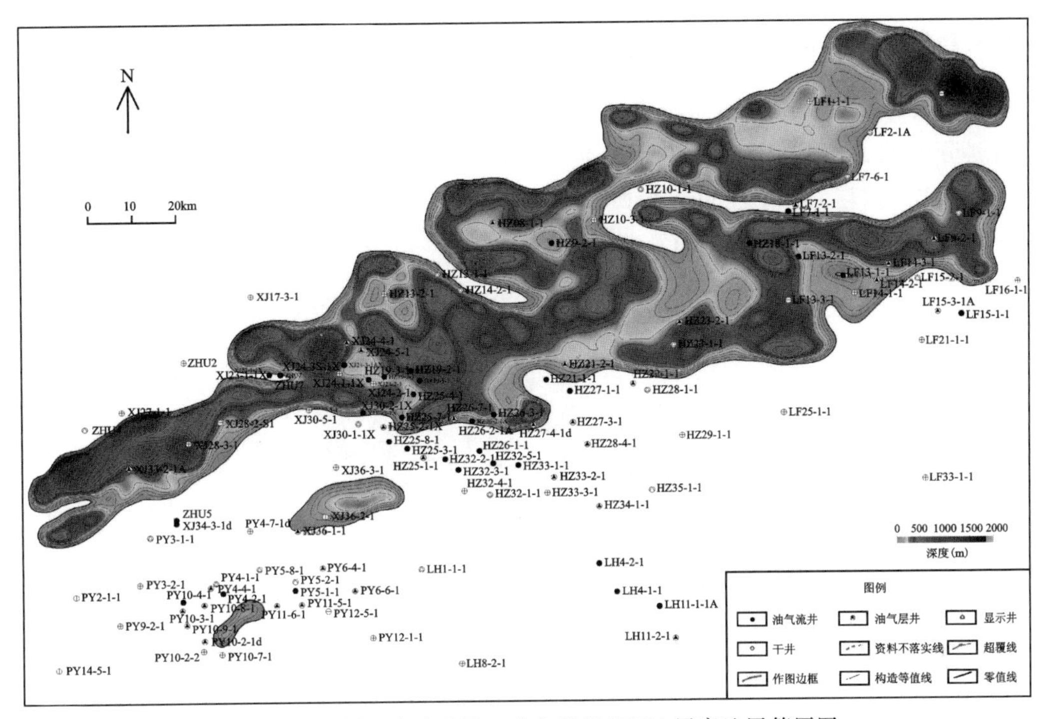


图 5-20　惠州凹陷及番禺 4 洼文昌组 PSQ6 层序地层等厚图

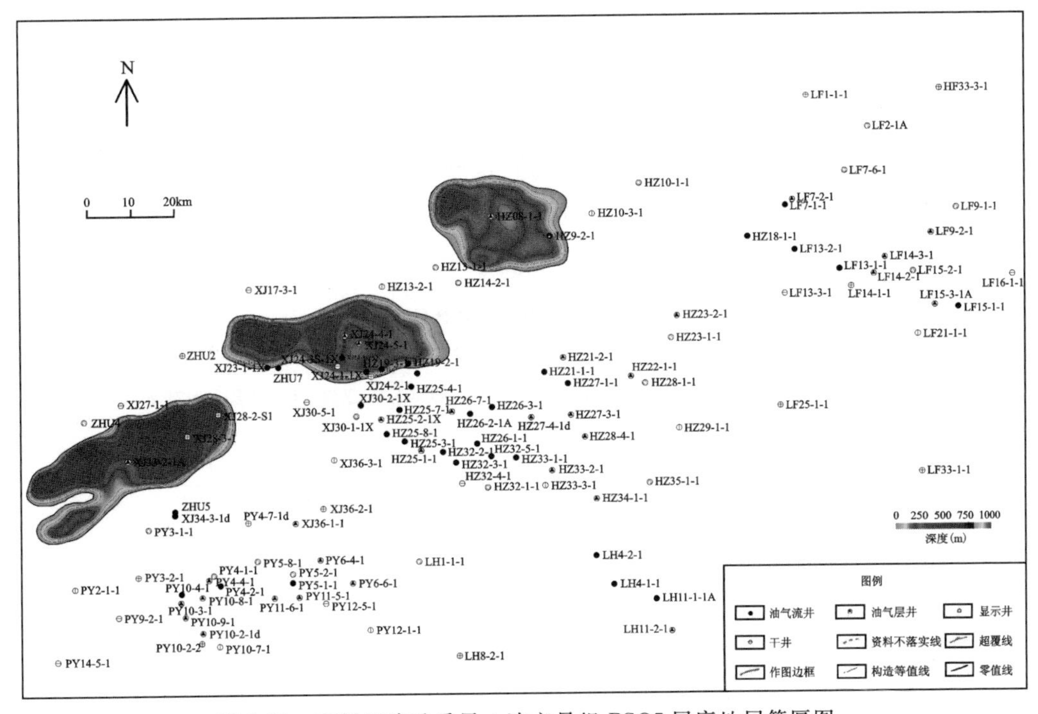


图 5-21　惠州凹陷及番禺 4 洼文昌组 PSQ7 层序地层等厚图

### 4. 文昌组层序地层平面分布规律

为更深入总结惠州凹陷不同洼陷的层序平面发育规律，根据不同洼陷平面位置，将研究区洼陷划分为四大部分，分别为北缘西部（XJ27 洼、XJ23 洼、XJ24 洼、HZ13 洼）、北缘东部（HZ14 洼、HZ08 洼、HZ05 洼）、南缘西部（PY4 洼、XJ36 洼、XJ30 洼、HZ26 洼、HZ21 洼）和南缘东部（HZ22 洼、HZ24 洼、LF13 洼、LF7 洼），如图 5-22 所示。

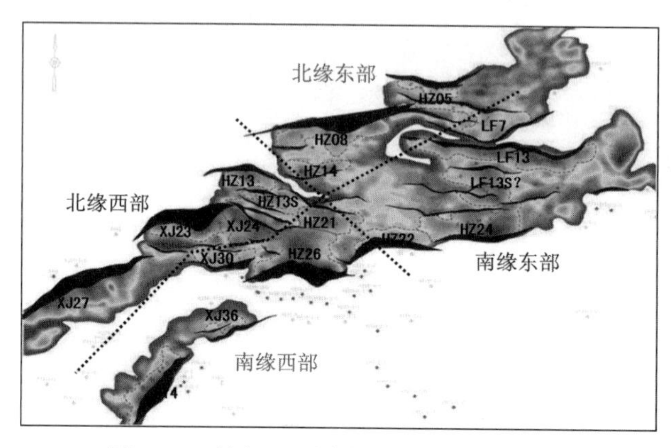


图 5-22 研究区不同洼陷平面位置分类图

受到构造、古地貌以及沉积转换面的影响，研究区的层序发育在不同洼陷内有明显差异，具有以下特征。

1）不同洼陷层序发育特征差异大

受到构造、古地貌的影响，研究区洼陷间的分割性强，各个时期遭受的剥蚀程度和范围存在差异，因此不同层序的分布范围、在各个洼陷的发育特征和保存程度都有着明显不同（表 5-1）。如下文昌组层序在南缘西部的洼陷中发育较为完全，而上文昌组和恩平组的地层则在北缘西部和北缘东部的洼陷中保存较好。

**表 5-1 研究区洼陷层序发育特征对比表**

| 地层 | 层序 | 南缘西部 | | | | | 南缘东部 | | | | 北缘西部 | | | | 北缘东部 | | |
|---|---|---|---|---|---|---|---|---|---|---|---|---|---|---|---|---|---|
| | | PY4 | XJ36 | XJ30 | HZ26 | HZ21 | HZ22 | HZ24 | LF13 | LF7 | XJ27 | XJ23 | XJ24 | HZ13 | HZ14 | HZ08 | HZ05 |
| 恩平组 | SPQ11 | × | × | × | × | × | × | × | × | × | × | × | × | √ | × | √ | √ |
| | SPQ10 | × | √ | √ | √ | √ | √ | √ | √ | √ | √ | √ | √ | √ | √ | √ | √ |
| | SPQ9 | √ | √ | √ | √ | √ | √ | √ | √ | √ | √ | √ | √ | √ | √ | √ | √ |
| | SPQ8 | × | × | × | × | × | √ | √ | √ | √ | √ | × | √ | √ | √ | √ | √ |
| 上文昌 | SPQ7 | × | × | × | × | × | × | × | × | × | √ | √ | √ | × | √ | √ | × |
| | SPQ6 | √ | √ | √ | √ | √ | √ | √ | √ | √ | √ | √ | √ | √ | √ | √ | √ |
| | SPQ5 | × | × | × | √ | √ | × | × | × | × | × | × | √ | √ | × | × | × |
| 下文昌 | SPQ4 | √ | √ | √ | √ | √ | × | × | × | × | × | × | √ | × | × | √ | × |
| | SPQ3 | √ | √ | √ | √ | √ | √ | √ | √ | √ | √ | √ | √ | √ | √ | √ | √ |
| | SPQ2 | √ | × | × | √ | × | √ | √ | √ | √ | × | × | √ | × | × | × | × |
| | SPQ1 | √ | × | × | √ | × | × | × | × | × | × | × | × | × | × | × | × |

2)构造-层序响应——南北分带

不同成因类型的盆地层序地层发育特征不同。同一成因类型的盆地,不同构造演化阶段或不同的构造部位,构造/断裂活动时空演化的不均衡性,也都会导致层序地层发育的差异性。在裂谷或断陷盆地中,层序地层构成与发育特征主要受盆缘断裂的控制。盆缘同生断裂的活动通过控制基底升降运动直接制约着盆地沉积物堆积的可容纳空间的变化,断裂活动的幕式特征控制着不同级次层序界面的形成与充填地层的旋回性,包括层序界面性质、沉积充填特征、沉积物输入位置、沉积体系成因类型以及砂体分布等。

所谓地层的南北分带特征,主要是指上文昌组、下文昌组、恩平组地层的分布特征南北具有差异。惠州凹陷盆地西侧的南缘和北缘的洼陷发育层序厚度变化很大,具有南北分带的特征,即下文昌组层序南厚北薄、上文昌组层序北厚南薄、恩平组层序北厚南薄。从上、下文昌组的等厚图(图 5-23、图 5-24)可以看出,下文昌组在南部分布广,厚度大,沉积厚度较厚处分布于南部控边断裂附近,而在北部,层序不仅发育不完全且厚度薄;而上文昌组的分布则完全相反,上文昌组在北部分布广,厚度大,沉积厚度较厚处分布于北部控边断裂附近。

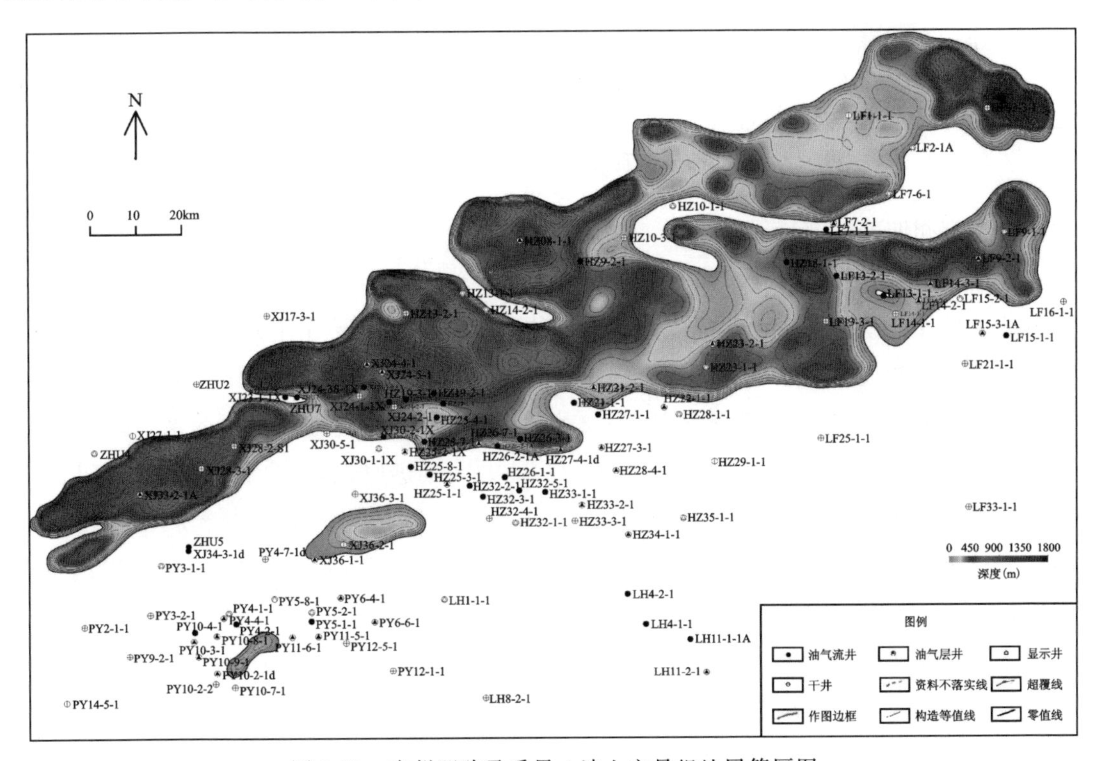


图 5-23　惠州凹陷及番禺 4 洼上文昌组地层等厚图

南北分带特征是构造-层序的响应结果,是南北两缘的构造活动差异造成的,即南北裂陷构造活动的期次性、强度差异性,由南向北迁移。下文昌组地层沉积时,南部断裂活动性强,靠近南部,形成的可容纳空间也较大,因此下文昌组地层在研究区南缘较为发育;而在上文昌组地层沉积时,北部断裂活动相对较强,靠近北部,形成的可容纳空间大,所以上文昌组地层

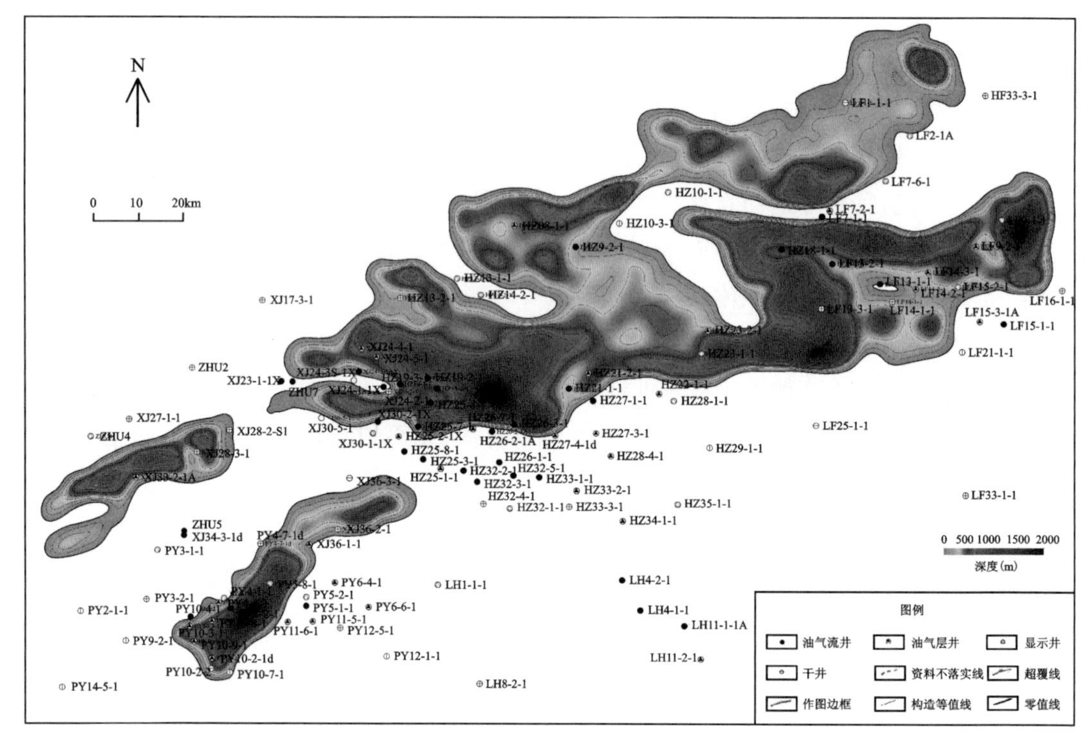

图 5-24 惠州凹陷及番禺 4 洼研究区下文昌组地层等厚图

主要发育在惠州凹陷的北缘。

3)构造古地貌-层序响应-东西分区

古地貌单元在基准面变化过程中对沉积物体积分配和相分异作用的影响,直接决定了层序地层在平面上的展布和纵向上的组合规律、结构特征。古凸起对于沉积物体积分配作用的影响也是明显的(尤其是基准面下降期间)。由于基准面下降,盆地边缘可容纳空间减小,运移到盆地中心的沉积物体积增加,而沉积物向盆地方向推进时,遇到凸起带的阻挡沉积物就会在凸起周围沉积下来;在基准面下降时,凸起较高的部分会出露地表,受到剥蚀,凸起部分本身也会提供物源,但如果长期遭受剥蚀,凸起部分会渐趋低平,对沉积物体积分配的影响也逐渐变弱。

由于在惠州凹陷的东部受到惠陆低凸起的古地貌影响,惠州凹陷盆地东侧的南缘和北缘洼陷发育层序厚度不像凹陷西部那样变化大,不管是文昌组还是恩平组,整体具有南北等厚的特征,因此造成了东西分区的特征。

### 5. 文昌组迁移型层序构型分析

构成二级层序的三级层序垂向上具有迁移型层序构型特征,是研究区文昌组独特的层序地层格架特征,代表了陆相湖盆一种新的层序地层构型。迁移型层序构型是沉积、沉降中心侧向迁移的响应,沉积中心的迁移,指示了古物源、古地形、古地貌等控制沉积参数信息,并控制着油气的生成、运聚和分布；沉降中心的迁移则指示盆地成因和动力学环境的诸多信息。因此，迁移型层序构型是盆地演化过程中区域动力学背景、盆地构造属性、物源特征、水动力条件等因素的综合反映和具体表现，厘定和揭示迁移型层序的平面分布位置、演变规律具有重要的盆地动力学和油气地质意义。

1）XJ24－HZ26 洼迁移型层序构型特征

从一系列惠州凹陷不同洼陷的地震剖面的层序分布可以看出，惠州凹陷古近系文昌组地层具有典型迁移型层序特征，各个三级层序呈现斜列叠加的样式，整体上由南缘断裂带向北缘断裂带迁移的趋势。其中，以上文昌组和下文昌组层序的分界面 SB5 为界，其上下沉积、沉降中心以及层序发生了明显的迁移，因此也称 SB5 为层序迁移面，该界面是文昌组内部的一个高连续、强振幅反射界面，界面之上的上文昌组层序依次超覆在 SB5 界面上（图 5-25）。

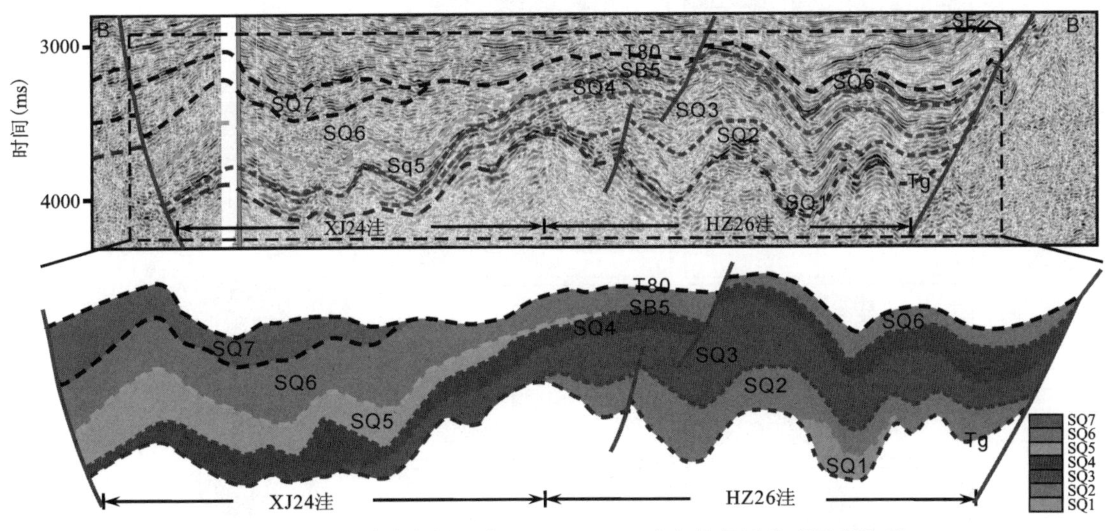


图 5-25　珠一坳陷惠州凹陷 HZ26—XJ24 洼文昌组迁移型层序构型

在过 HZ26 洼与 XJ24 洼洼陷中心的南东向任意线地震剖面上，揭示了文昌组完整的三级层序 PSQ1－PSQ7，展现了文昌组地层具有明显的迁移型层序构型特征（图 5-25）。在 HZ26 洼，主要发育下文昌组（SB5 之下）的三级层序（PSQ1－PSQ4），PSQ1－PSQ4 层序逐步向北西迁移，顶部发育较薄的上文昌组层序（主体是 PSQ6）；在 XJ24 洼，主要发育上文昌组（SB5 之上）的三级层序（PSQ5－PSQ7），下部发育较薄的下文昌组层序（PSQ3、PSQ4），且单个层序厚度较薄。因此，下文昌组 PSQ1－PSQ4 三级层序主要分布在 HZ26 洼，上文昌组 PSQ5－PSQ7 三级层序主要分布在 XJ24 洼，文昌组层序在 HZ26－XJ24 洼呈“跷跷板”式变化。下文昌组地层主体沉积在 HZ26 洼，上文昌组地层主体沉积在 XJ24 洼，表明从 HZ26 洼到 XJ24 洼，三级层序 PSQ1－PSQ7 沉积充填发生区域性迁移。

此外，从 XJ24－HZ26 洼文昌组 PSQ1－PSQ7 三级层序的等厚图上（图 5-26）也可以看出文昌组层序厚度及分布范围从 HZ26 洼依次向 XJ24 洼的迁移规律。下文昌组层序 PSQ1－PSQ4，PSQ1 层序处于下文昌组二级层序的初始期，层序分布局限，厚度较小，呈团块状分布，主要集中在 HZ26 洼的南侧，说明文昌组沉积之初，南部控边断层的活动相对较早，为沉积物提供了可容纳空间；PSQ2 层序时期，随着湖平面的上升，层序沉积范围向北西方向的 XJ24 洼扩大、迁移，但层序沉积中心依然在 HZ26 洼中南部的主洼区内，呈团块状分布；PSQ3 层序时期，地层厚度大，分布面积广，尽管层序沉积范围继续向北西方向扩大、迁移，层序的沉积中心依然在 HZ26 洼的南缘，沉积最大厚度约为 1100m；北缘 XJ24 洼开始发育地层，局部区域开始出现小规模沉积中心，表明该时期南部控边断裂活动加强，北部断层开始活动，但活动强度远远小于南部断层；PSQ4 层序时期，层序范围进一步扩大，但沉积厚度较小，最大约为 600m，层序继续向北西方向的 XJ24 洼迁移，XJ24 洼和 HZ26 洼的地层厚度基本相当，表明到了下文昌组沉积末期，南、北两侧断裂活动强度都较弱，进入文昌组层序转移的过渡期。

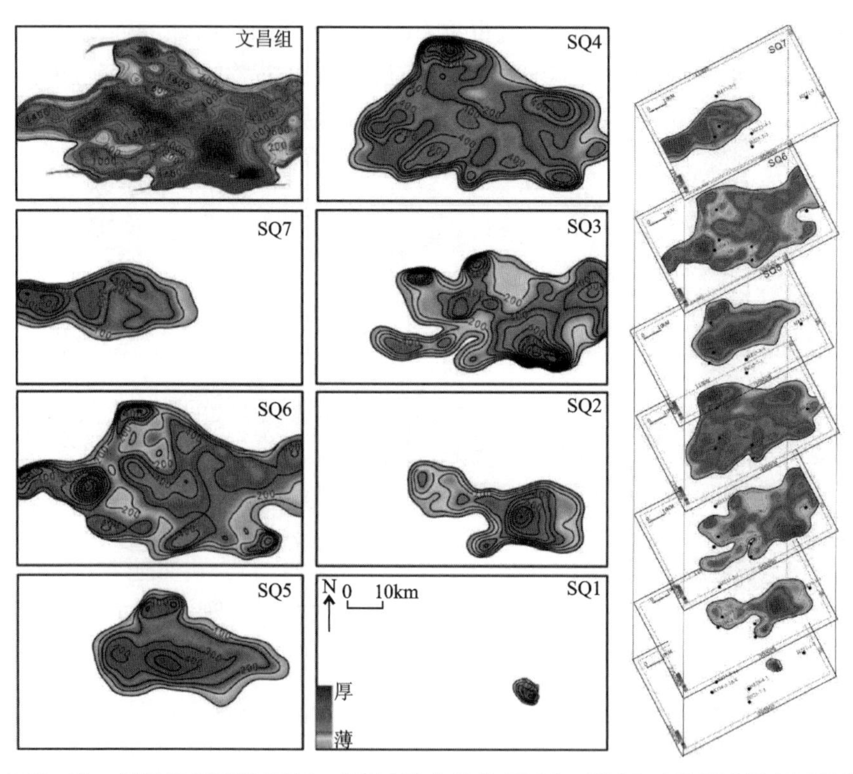


图 5-26 珠一坳陷惠州凹陷 XJ24—HZ26 洼文昌组 PSQ1—PSQ7 三级层序厚度图及演化

上文昌组层序，PSQ5 层序时期，处于二级层序的初始期，层序厚度及分布范围明显减小，层序仅分布在 XJ24 洼，表明层序的沉积中心完全迁移到 XJ24 洼，HZ26 洼的西北部虽有地层发育，但是其厚度大大减薄，说明上文昌组沉积初期，南部断裂活动基本停止；PSQ6 层序时期，处于湖盆鼎盛期，层序分布范围扩大，但层序沉积中心依然在 XJ24 洼北缘断层附近，最大厚度约为 1000 m，等值线密集，HZ26 洼仅有较薄的地层分布，等值线稀疏，体现了残留可容纳空间供沉积物供应，但是地层厚度薄且变化不大，地势较为平坦，表明在该时期，北部断层活动强烈，沉积中心向北迁移；PSQ7 层序时期，进入湖盆的萎缩期，层序厚度及展布范围开始缩小，最大厚度约为 500 m，沉积中心继续向北西向的 XJ24 洼迁移，主要分布在 XJ24 洼北缘边界断裂的下降盘，南部的 HZ26 洼不发育 PSQ7 层序，表明该时期北部控边断层活动也开始减弱，南部断层基本不再活动。

2)XJ24－HZ26 洼迁移型层序构型特征

施和生等(2009)指出惠州凹陷始新世至渐新世处于幕式裂陷演化阶段,存在文昌期(裂陷Ⅰ幕)和恩平期(裂陷Ⅱ幕)两幕裂陷,分别控制文昌组、恩平组沉积。本次研究在文昌期、恩平期两幕裂陷的基础上,以迁移型层序界面 SB5 为界,将文昌期裂陷幕细分为裂陷 IA、IB 幕两期(图 5-27),这两期构造活动分布控制了珠一坳陷南缘、北缘的层序-沉积充填,也是异迁移型层序构型的形成原因。文昌期裂陷 IA、IB 幕是惠州凹陷早期最主要、最强烈的裂陷时期,两期断裂活动既奠定了惠州凹陷裂陷期断层发育的格局,也影响了惠州凹陷的隆凹格局及后期演化。

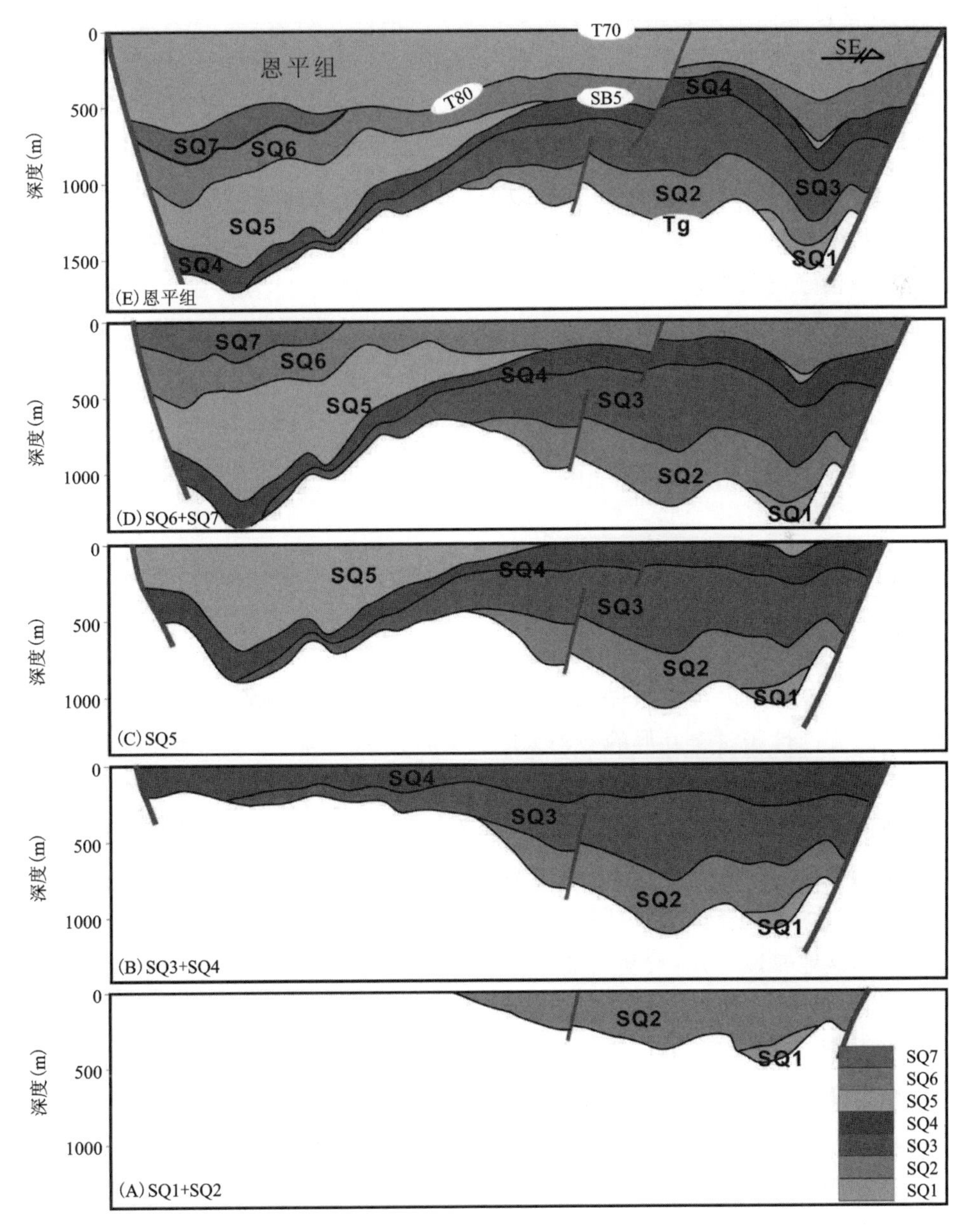


图 5-27　惠州凹陷 HZ26 洼、XJ24 洼文昌组 SQ1－SQ7 层序地层恢复剖面

惠州凹陷文昌期具有多沉积沉降中心，且沉降中心存在变换和迁移。从文昌组构造演化剖面可以看出，裂陷IA幕，凹陷南部控凹断裂活动强度大，洼陷分割性强，水深坡陡，东沙隆起与盆内低凸起为凹陷提供物源，下文昌组层序PSQ1－PSQ4层序沉积沉降中心分布在HZ26洼。SQ1＋SQ2层序沉积时期，东沙隆起活动较弱，可容纳空间和沉积中心主要在惠州凹陷南缘，厚度呈现南厚北薄的特点，南缘厚度为200～500m。SQ3＋SQ4层序沉积时期，东沙隆起活动加强，可容纳空间和沉积中心依然稳定在惠州凹陷南缘，南缘厚度为600～900m，惠州凹陷北缘为0～350m。在裂陷IB幕，北部断裂活动开始加强，凹陷北部快速沉降，以北断南超洼陷为主，沉积中心与沉降中心迁移到XJ24洼，沉积了上文昌组层序SQ5－SQ7层序，惠州凹陷内部凸起向洼陷提供物源同时，北部华南地区开始供源。SQ5层序沉积时期，沉积中心主要集中在惠州凹陷北缘，厚度为0～500m；SQ6＋SQ7层序沉积时期，沉积中心依然集中在惠州凹陷北缘，厚度最大可达900m，南缘厚度为200～400m，地层发育厚度呈现北厚南薄的特点。

因此，惠州凹陷迁移型层序构型成因可以归为区域构造活动的期次性和沉积物源供应的变化。随着南北缘控凹断裂的转移与活动强度的变化，盆地沉积沉降中心随之迁移。下文昌期裂陷IA幕，东沙隆起强烈隆升，以惠州凹陷南缘断裂活动为主，东沙隆起为主要的物源区，北缘断裂活动弱；上文昌期裂陷IB幕，以惠州凹陷北缘断裂活动为主，物源主要来自北缘的华南褶皱带，南缘断裂活动减弱。综上所述，惠州凹陷异迁移型层序是由南北两缘同沉积控边断裂活动强度及先后期次造成的，是层序由南东向北西向逐渐迁移，形成异迁移型层序的主要控制因素。

## 第三节　陆相盆地层序构型多元化体系

起源于被动大陆边缘的经典层序地层学的概念和理论模型强调的是海（湖）平面升降的一致性、同步性、旋回性相对于经典的被动大陆边缘层序地层模式，不同类型的陆相盆地层序构型更多样、过程更复杂、预测难度更大，原因在于：①海（湖）平面差异，全球所有海盆对应的海洋都是连通的，全球各点的海平面变化一致性才使它们的升降变化曲线可以异地对比。陆相盆地的水体独立于海洋之外，与海水不连通，虽然湖平面变化受到全球气候一致性变化的影响，但是水体不连通的盆地之间都不能完全进行湖平面升降曲线对比，造成陆相盆地层序构型差异性。②盆地属性差异，被动大陆边缘对应的海盆为开阔盆，要素相对简单、稳定，从造山带的物源区到冲积平原、浅海陆架，最终到深海盆。陆相盆地为封闭系统，对应的盆地为局限盆，但是盆地类型多样（断陷、坳陷、前陆、克拉通等），盆地边界条件复杂、多样，造成对应的层序构型相对复杂、多变。③控制因素差异，被动大陆边缘层序控制因素主要为构造沉降、海平面变化、沉积物供应、气候四大因素，陆相盆地层序控制因素多样，在四大控制因素基础上，盆地古地貌因素尤为重要且复杂，具有多隆、多洼、隆洼相间、多变的古地理格局，而且不同盆地的古地貌各有迥异，极大影响到层序构型，造成陆相盆地层序构型差异性。④供源差异，被动大陆边缘盆地层序构型的沉积物供给体系主要是单侧物源注入，一般仅仅考虑盆地单侧的层序地层单元的划分及对比，不会涉及盆地两侧的层序对比。陆相盆地物源体系较为复杂，可分为盆缘物源体系和盆内物源体系，呈现盆外、盆内多物源注入，形成封闭的陆相盆地盆缘、盆内不同物源区多物源共存格局，多点供源造成陆相盆地层序构型差异性，且涉及盆地两侧层序对比。⑤沉积体系差异，被动大陆边缘盆地层序沉积体系相对稳定、分布规律、可预测性强。陆相盆地层序沉积相带狭窄、沉积间断多、沉积体系类型更为复杂、多变，在盆地不同边界条件的控制下，可以在盆地周缘汇水区形成不同沉积体系，呈现多种沉积体系共存的沉积格局（图 5-28）。

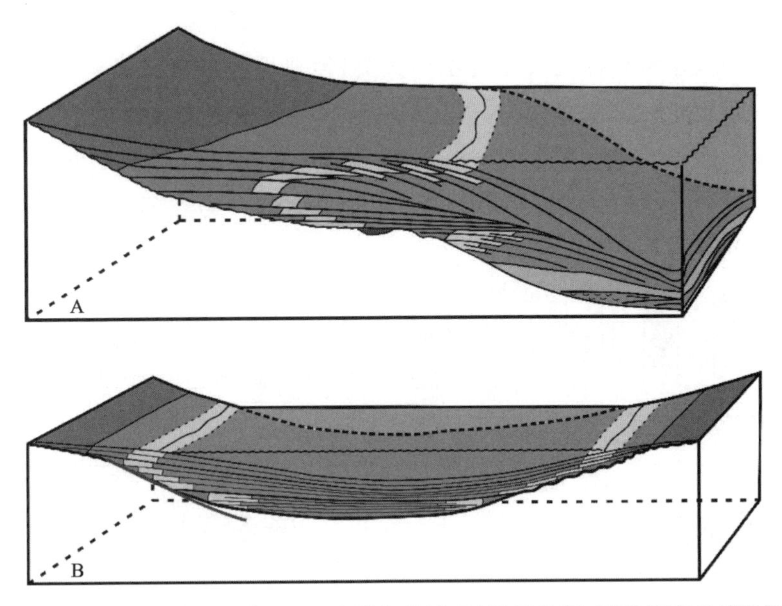


图 5-28　被动大陆边缘海相盆地（A）和陆相盆地（B）地质特征、沉积层序充填特征对比

除了海相盆地和陆相盆地层序地层模式的差异之外，陆相盆地自身的层序地层模式也存在着多样性。不同类型、不同地质背景的陆相盆地，在多种因素综合控制下，会形成不同层序充填模式和层序构型。即使对于同一种类型陆相盆地，在不同主控因素控制下，也可以形成不同层序充填模式和层序构型。Catuneanu（2006）指出层序地层学研究最大危险在于照搬模式的教条主义，不同类型的陆相盆地层序构型不能简单的照搬、借用，应该建立其独特的层序构型模式。目前，国内的层序地层学、沉积学专家对陆相断陷盆地、坳陷盆地、前陆盆地开展了大量的层序地层学研究，建立多种层序地层模式，但是这些成果还没有得到系统的总结，尚需进行系统化的认识。

针对陆相盆地具有局限、封闭、类型多样、控制因素多变、多物源、古地貌差异大等典型特征，结合国内外众多层序地层学专家的研究成果，本书提出了“陆相盆地层序构型多元化体系”的观点，该观点的提出有利于陆相层序地层学研究的系统化，可以将不同类型陆相盆地所发育的不同层序构型纳入到一个统一体系，丰富陆相盆地层序地层理论体系。

## 一、陆相盆地层序构型多元化体系

对于海相盆地而言，陆相盆地的多样性及其层序控制因素的多样性、不确定性和复杂性，造成陆相盆地层序构型的多样化。尤其是陆相盆地具有复杂的构造特征（多断、多幕、多沉降中心、构造迁移）、古地理格局（多断多洼、多隆多洼、隆洼相间）和沉积格局（多旋回、多期次、多沉积中心和多相带），更易形成复杂多变的层序构型和沉积充填样式。

“陆相盆地层序构型多元化体系”是指不同类型的陆相盆地，在多种控制因素综合作用下，会形成不同的层序构型、沉积充填样式，构成陆相盆地层序构型多元化体系（图 5-29）。该体系包含经典层序构型和特征性层序构型两大类，经典层序构型是指常见的经典层序构型，特征性层序构型是指特殊的层序构型。“陆相盆地层序构型多元化体系”观点的提出，进一步为陆相层序地层学研究提供一个有利的平台，新发现或新增的层序构型可以作为特征性层序构型，补充到这个体系之中，丰富了陆相盆地层序构型多元化体系，充分体现陆相盆地层序地层构型的多样性和差异性。

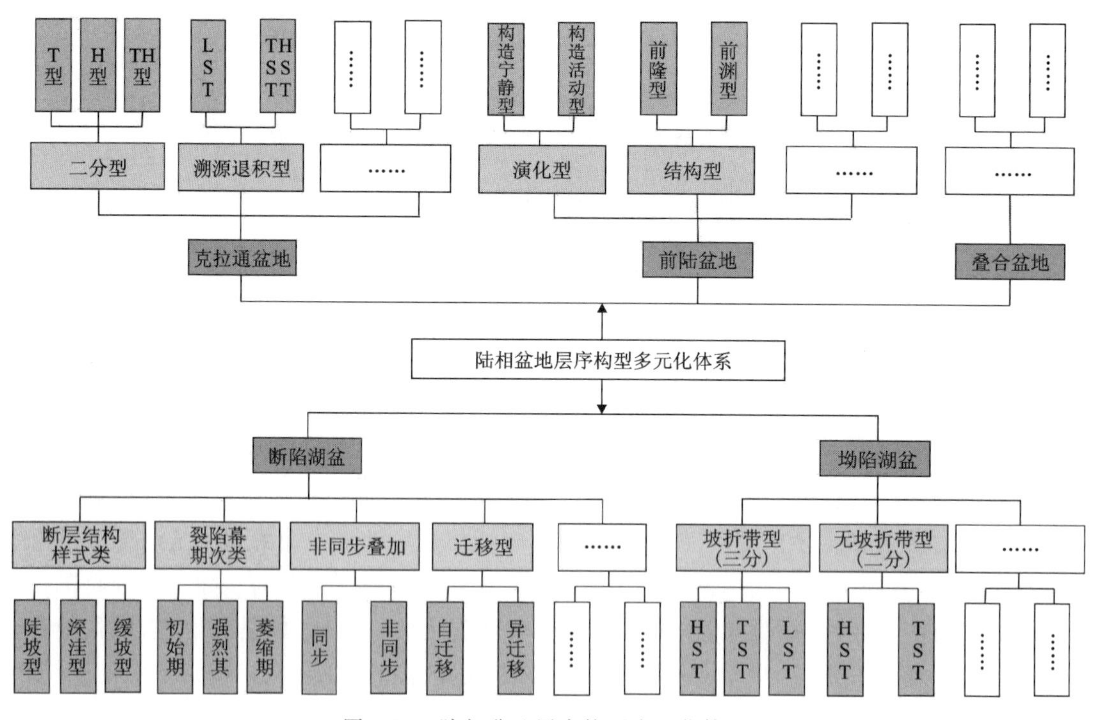


图 5-29 陆相盆地层序构型多元化体系

在前人研究的基础上，本书已经建立多种新的特征性层序构型，如陆内克拉通盆地“溯源退积”层序构型、断陷盆地非同步叠加模式、迁移型层序等概念及模式，补充、丰富了陆相盆地层序构型多元化体系。

## 二、陆相盆地经典层序构型

基于前人层序地层学研究成果，结合陆相盆地类型划分，对陆相断陷盆地、坳陷盆地、克拉通盆地、前陆盆地四大类盆地经典层序构型进行总结。

### 1. 陆相断陷盆地层序构型

陆相断陷盆地是在大陆岩石圈总体伸展背景下发育的，盆地形成和发展过程中受到断裂制约，以基底差异沉降作用为特点，盆地一侧边界同生断层活动强烈，另一侧边界同生断层活动不太明显，盆地地貌由陡坡、缓坡组成。陆相断陷盆地作为我国最重要的含油气盆地类型，层序地层研究成果最为丰富、模式最为成熟。断陷盆地经典层序构型可以总结为断层结构样式类（空间展布）和裂陷幕期次类（时间演化）两类（图 5-30）。断层结构样式类对应的层序构型为陡坡型、深洼型、缓坡型。裂陷幕期次类就是根据裂陷活动期次来研究构造-层序-沉积响应模式，划分为初始期、强烈期、萎缩期 3 种层序类型。

1)断层结构样式类（空间展布）

断层结构样式类就是根据边界断层空间组合形态研究构造-层序-沉积响应，基于构造沉降大小的变化形成对应的空间形态，把盆地分成陡坡带、深陷（洼）带、缓坡带，对应的层序构型为陡坡型、深洼型、缓坡型。

陡坡型层序：低位体系域以冲积扇或扇三角洲沉积为主，湖相沉积退缩到远离断层的近中心区；湖侵体系域则以扇三角洲为主，具较窄的滨浅湖沉积和深湖沉积，因受充足的物源供给影响，凝缩层不太明显，只有在远离岸区才清晰；高位体系域则由冲积扇、扇三角洲、辫状河流和滨浅湖、深湖组成。

缓坡型层序：低位体系域在盆地缓坡地形坡折带之上，发育具有深切谷特征的河流沉积体系，在地形坡折带之下盆地中或为滨浅湖沉积，或为低位期小型三角洲沉积；湖侵体系域则在盆地缓坡区存在两种沉积类型，一是缺少明显物源供给的、由砂泥岩间互构成的滩坝沉积体系或碳酸盐岩浅滩，二是由河流供源的水进型三角洲及其滑塌浊积扇沉积体系；高位体系域则在湖平面不断下降、物源供给丰富条件下，形成了具明显进积结构的三角洲-滑塌浊积扇沉积体系。

深洼型层序：低位体系域在盆地中央深洼区可出现洪水型浊积扇沉积；湖侵体系域，在盆地深洼区，由于水体深而静，主要发育了分布广、厚度大、质地纯、颜色暗、砂泥比值低、富含有机质的较深湖相沉积，有时可间夹有滑塌浊积扇沉积；高位体系域时期，在盆地深洼区，水体不断变浅，较深湖沉积被较浅湖沉积取代。

2)裂陷幕期次类（时间演化）

裂陷幕期次类是根据裂陷活动期次来研究构造-层序-沉积响应模式，裂陷活动的幕式过程及不同裂陷幕同沉积构造活动的差异性，直接影响可容纳空间、沉降速率、同沉积断裂活动和古构造格架，进而控制了盆地内层序地层单元与沉积旋回的整体发育、沉积与沉降中心时

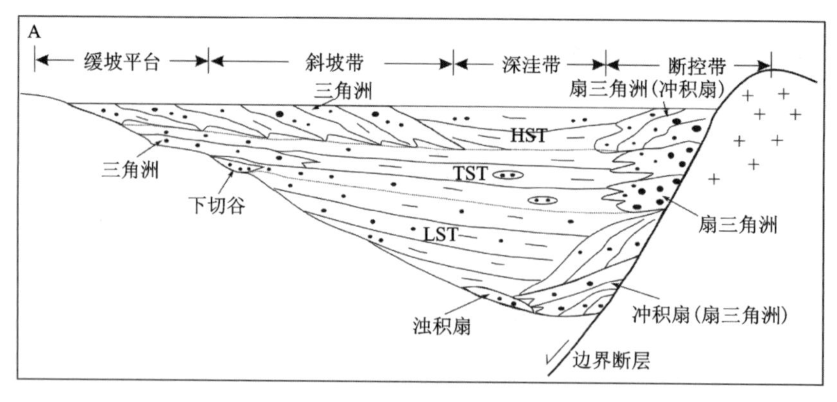


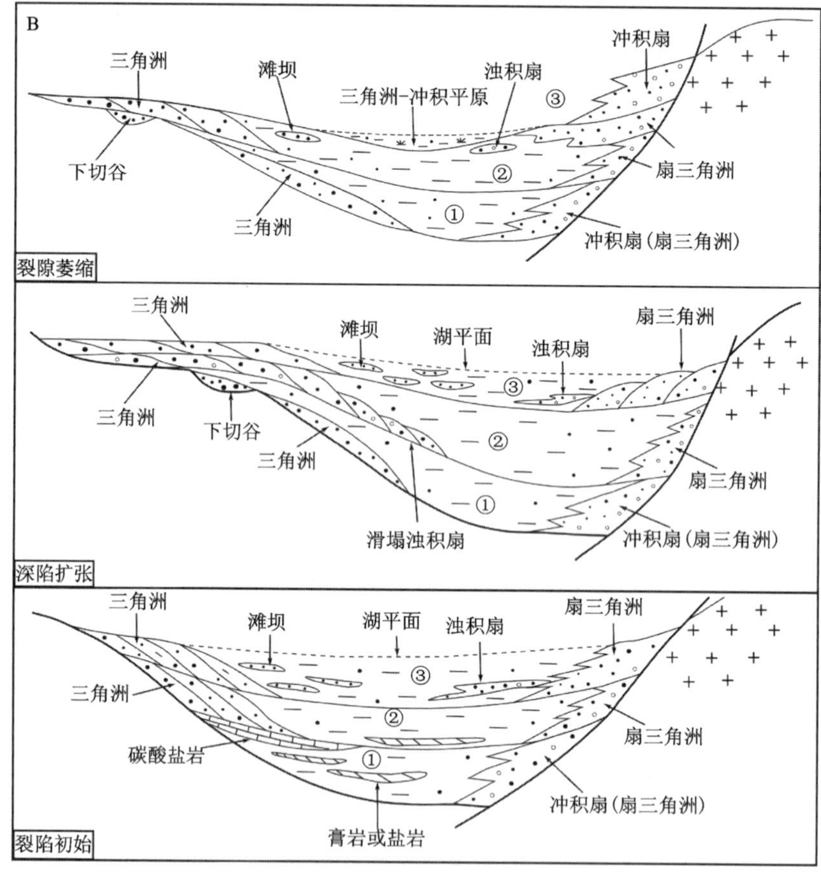


A. 断层结构样式类;B. 裂陷幕期次类。

图 5-30　陆相断陷盆地经典层序构型

空展布以及层序地层格架下沉积体系域的构成样式。把层序发育、演化对应于不同的构造演化阶段,划分为初始期、强烈期、萎缩期 3 种层序类型。

初始期层序:可容纳空间小,层序叠加模式为加积-进积型,主要发育冲积扇、扇三角洲体系、滨浅湖-浅湖等沉积组合。强烈期层序:可容纳空间增大,层序叠加模式为退积型,主要发育扇三角洲、湖底扇、浅湖-深湖等沉积组合。萎缩期层序:可容纳空间减小,层序叠加模式为加积-进积型，主要发育大型长轴三角洲、滨浅湖等沉积组合。

**2. 坳陷盆地层序构型**

坳陷盆地是另一类重要沉积盆地，是陆壳构造活动相对稳定、整体均匀沉降过程中形成的盆地，盆地边界一般没有断层或仅存在不能控制盆地沉积的断层，盆地地貌由起伏低缓的剥蚀区和平坦的沉积区组成。

坡折带是坳陷盆地至关重要的地貌单元，不仅可以反映地形地貌的变化，而且对沉积体系的发育和演化起着重要的控制作用，坳陷盆地甚至可以发育环状坡折带。根据是否发育坡折带，可以将坳陷盆地经典层序构型总结为坡折带型和无坡折带型两类(图 5-31)。坡折带型指坳陷盆地三级层序内部可以识别、确定初始湖泛面和最大湖泛面的位置，进而识别出低位、湖侵和高位三个体系域。无坡折带型是指坳陷盆地由于缺少地形(构造)坡折的明显变化以及缺少确定首次湖泛面的标志，只能利用最远滨岸上超点确定出最大湖泛面，进而根据识别的最大洪泛面将层序划分成湖侵体系域和高位体系域。

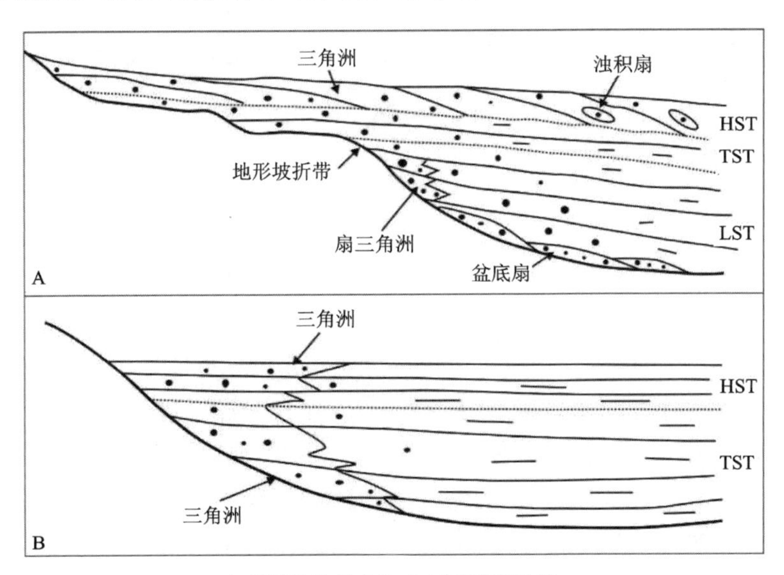


A. 断层结构样式类；B. 裂陷幕期次类。

图 5-31　陆相坳陷盆地经典层序构型

坳陷盆地低位体系域是在盆地缓坡发育冲积扇、河流沉积，可以形成下切谷，在低位湖岸线附近可出现小型三角洲或扇三角洲沉积，局部可发育由洪水作用形成的洪水型浊积扇或由三角洲前缘滑塌形成的浊积扇。坳陷盆地湖侵体系域可以发育三角洲、滨浅湖滩坝、浊积扇及广泛分布的较深水泥岩等沉积体系。在高位体系域发育早期，可容空间仍旧较大，因而携带陆源碎屑物质的洪水入湖后快速沉积，形成浊积扇；到了高位体系域晚期，湖平面下降，沉积物不断供给，三角洲快速向湖盆中央推进，在其前方可发育由三角洲前缘沉积物向前滑塌形成的浊积扇(图 5-31)。

**3. 克拉通盆地层序构型**

作为重要的含油气盆地类型之一，相对于其他类型的陆相盆地层序地层学研究而言，克拉通盆地层序地层学研究相对薄弱，一般都将其归入坳陷盆地的研究范畴，套用坳陷盆地层序模式。

克拉通盆地根据充填的沉积物特征可以分为碎屑岩型、碳酸盐岩型、碳酸盐岩-碎屑岩混合型、碳酸盐岩-蒸发岩混合型 4 种。由上述 4 种沉积充填类型的克拉通盆地层序构型，克拉通盆地经典层序构型可以总结为 T 型、H 型、TH 型 3 种，主要以发育 TST、HST 为主，LST 相对不发育(图 5-32)。

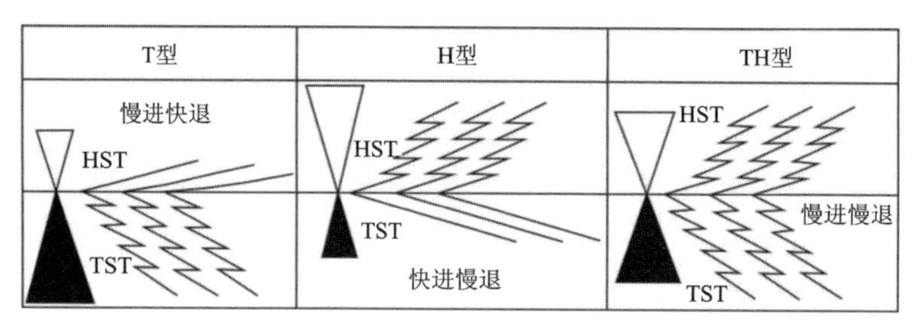


图 5-32 克拉通盆地经典层序构型

**4. 前陆盆地层序构型**

前陆盆地是板块碰撞后陆内远程效应引起冲断作用所形成的一种沉积盆地，位于造山带和克拉通之间，其沉积层序受构造作用影响明显，呈现强烈不对称的楔形地层特点。前陆盆地层序地层学是将层序地层学理论应用于构造活动区盆地分析的一个特例，因其特殊的构造背景，前陆盆地沉积层序受构造作用影响明显，表现在其对层序边界、层序内部结构体系域、准层序组的发育、可容空间变化以及盆地充填和层序叠置样式等诸多方面。

前陆盆地经典层序构型可以总结为演化型、结构型：演化型主要是按盆地构造演化阶段进行划分，细分为构造活动型和构造宁静型 2 种亚类；结构型主要是从盆地结构单元上进行划分，细分为前渊型和前隆型 2 种亚类(图 5-33)。

构造活动型，在前渊带根据山前冲断带推覆强度的变化，单个层序叠加样式可以分为前展型、上叠型、后退型，但层序组整体仍表现为进积特点。前渊带强烈沉降伴随着可容纳空间增加，沉积物供应速率相对较快，主要以发育扇三角洲和冲积扇相的砂砾岩等粗碎屑沉积为主，局部发育中深湖浊积扇；前隆带隆升并逐渐向冲断带迁移，盆地变窄变深，可容纳空间减少，单个层序主要表现为进积模式，层序组整体表现为退积特点，主要发育以细粒河流三角洲和滨浅湖相沉积体系为主(图 5-33)。

构造宁静型，湖盆宽而浅，前渊带可容空间停止增加，前隆带可容空间停止减少，以河流和河流三角洲沉积为主(图 5-33)。

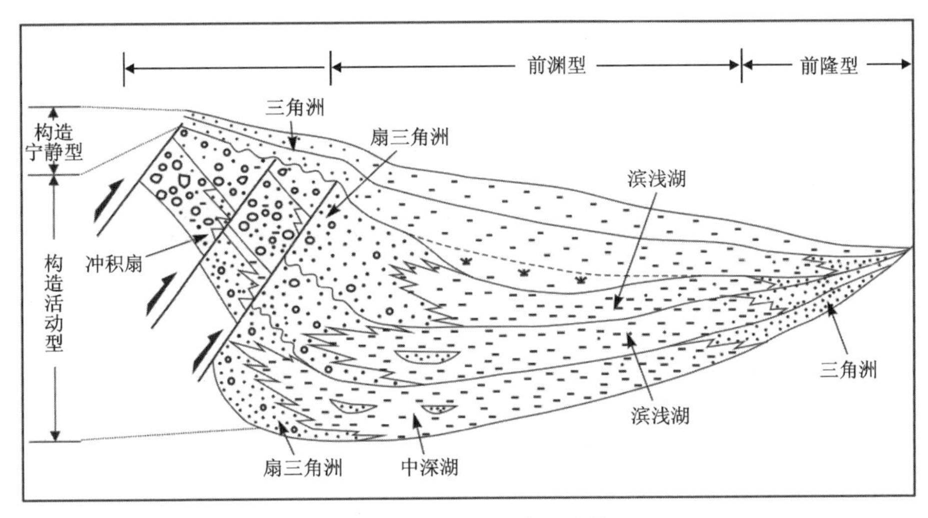


图 5-33　前陆盆地经典层序构型

## 三、陆相盆地特征性层序构型

除了前人研究建立的不同类型陆相盆地经典层序构型，现实中还存在多种特征性层序构型。在前人研究的经典层序构型的基础上，本书建立了多种新的陆相盆地特征性层序构型，如断陷盆地非同步叠加模式、迁移型层序、陆内克拉通盆地“溯源退积”层序构型等模式，补充、丰富了陆相盆地层序构型多元化体系。

### 1. 断陷盆地非同步叠加层序构型

基于经典层序地层学的概念和理论模型均强调海（湖）平面升降的一致性、同步性、旋回性，可知对应封闭的陆相盆地，在同一升降运动的海（湖）平面控制下，可容纳空间的变化也具有同步性，致使盆地两侧层序地层叠加样式也具有同步性，即湖平面上升，沉积层序呈退积叠加模式，湖平面下降，沉积层序呈进积叠加模式，可以将盆地两侧同期层序同步变化的叠加模式成为“同步”叠加层序构型（图 5-34A）。

断陷盆地构造活动特点是靠近控盆边界断裂的两侧构造沉降速率差异很大，具有非均一特征，即靠近控边断层活动带（陡坡带）沉降速率较大，远离断层活动带的缓坡带沉降速率逐渐减小。断陷盆地非均一构造沉降活动，可以造成盆地两侧可容纳空间的非对称性变化（边界断层带可容纳空间最大，远离断层活动带的缓坡带可容纳空间逐渐减小），进而造成盆地两侧同期层序叠加模式的“非同步”变化，形成“非同步”叠加模式。非同步叠加模式即盆地两侧同期层序叠加模式相反（一侧退积，另一侧则进积或加积）（图 5-34B）。非同步叠加模式主要是由盆地两侧可容纳空间增量（$\Delta A$）与沉积物供应增量（$\Delta S$）的关系所决定的，断陷盆地陡坡带一侧容易出现 $\Delta A<\Delta S$（退积），缓坡带一侧容易出现 $\Delta A>\Delta S$（进积），进而造成盆地两侧同期层序出现非同步的叠加模式。姜在兴等（2008）在松辽盆地、渤海湾盆地济阳坳陷等陆相

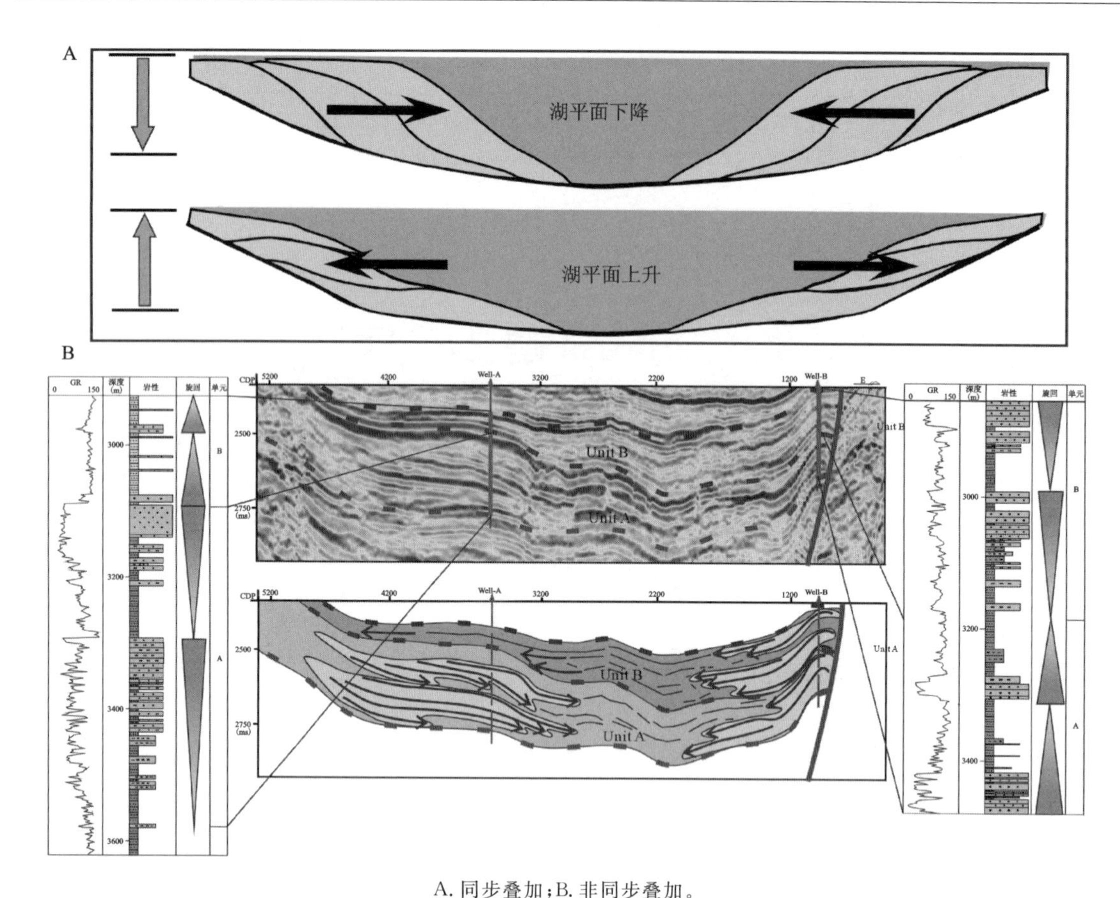


A. 同步叠加；B. 非同步叠加。

图 5-34 断陷盆地非同步叠加层序构型

盆地也发现存在盆地两侧同期层序非同步叠加模式，并对其可容纳空间转换系统进行详细描述。非同步叠加模式的提出，对基于叠加样式进行体系域划分的层序地层学理论作了进一步的完善，对陆相盆地体系域界面的识别、层序对比具有一定的参考价值。

**2. 断陷盆地迁移型层序**

迁移现象在陆相盆地中普通存在，目前的研究更多集中在构造迁移和沉积中心迁移的描述、探讨，对层序迁移现象的描述比较缺乏。

迁移型层序是陆相断陷盆地演化过程中形成的一种特殊层序构型，明显区别于海相层序内部由海平面升降造成的沉积物迁移，是盆地幕式构造运动的响应。通过对珠江口盆地珠一坳陷古近系层序地层学分析，定义了迁移型层序的概念，划分出“自迁移”和“异迁移”两种迁移型层序类型。迁移型层序是指断陷盆地在幕式裂陷构造活动过程中，伴随着沉降中心、沉积中心的侧向迁移，沉积充填的层序沉积厚度、展布范围也发生侧向迁移，形成斜列叠置的叠加样式；这种迁移会伴生着储集层、生烃中心的迁移，更利于油气成藏要素的空间配置，形成多区块、多带、多层段的油气藏组合。迁移型层序可以分为“自迁移”和“异迁移”两种类型(图 5-35)：“自迁移”层序构型是指在同一条边界断裂构造活动控制下，洼陷内部层序发生迁移，迁移范围仅限定在单一洼陷的内层序的迁移中（图 5-35A）；“异迁移”层序构型是指盆地（洼陷）的两侧控边断裂在跷跷板式构造活动控制下，可容空间及充填层序发生大规模跨凹陷或跨盆地的迁移（图 5-35B）。

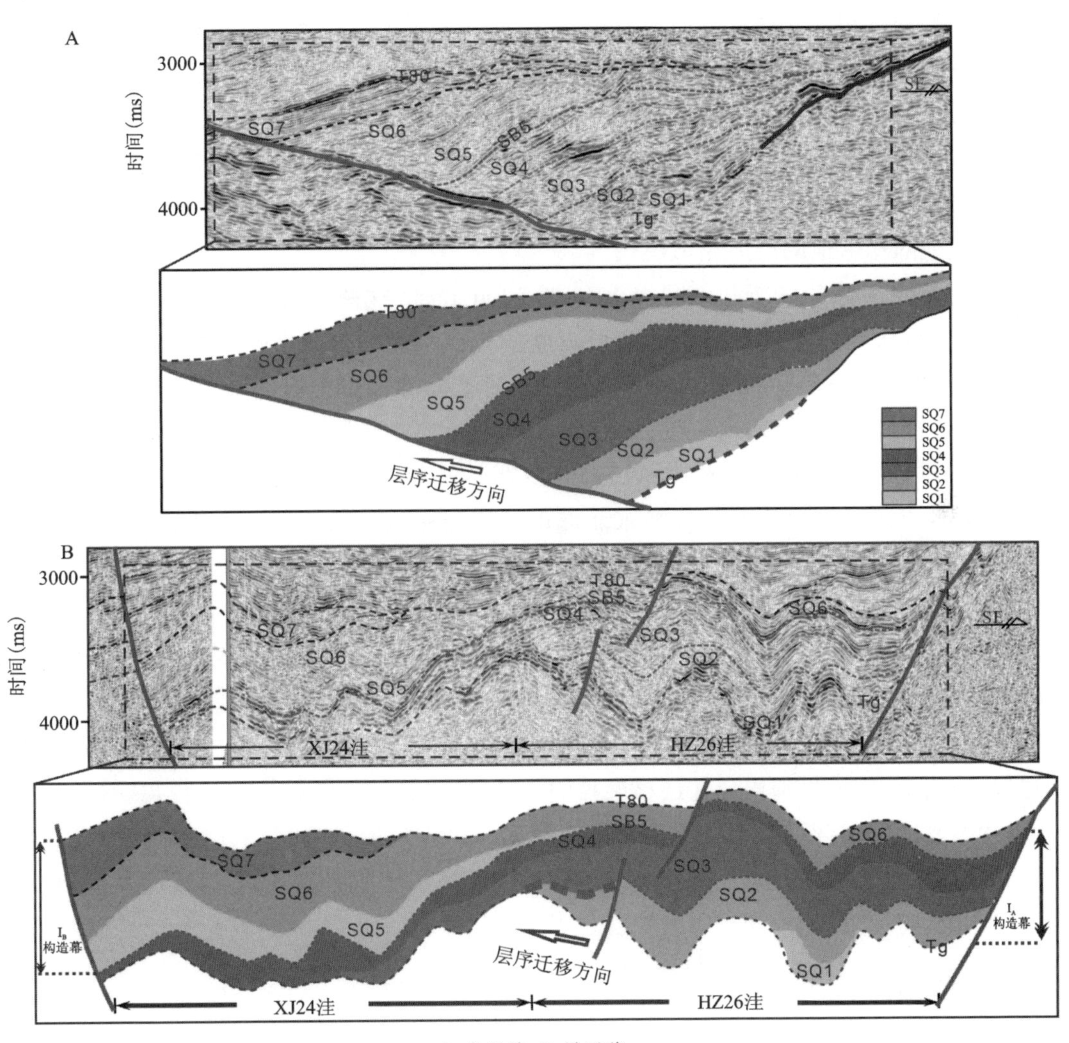


A. 自迁移；B. 异迁移。

图 5-35　断陷盆地迁移型层序构型

“自迁移”“异迁移”型层序控制因素不同：自迁移型层序是由低角度正断层的水平滑动造成的，即由同一条同沉积边界断裂控制，如图 5-35A 珠一坳陷恩平凹陷所示；异迁移型层序是由盆地两侧同沉积控边断裂活动强度及先后期次造成的，即由两条同沉积边界断裂控制，如图 5-35B 珠一坳陷惠州凹陷所示。迁移型层序的发育，形成的带状分布的储集体和烃源岩，更利于生、储、盖等油气成藏要素的有效配置，形成多套储层、烃源岩及盖层。迁移型层序的类型、分布范围、迁移规律及其主控因素，为预测储层、烃源岩的分布提供方向，对指导油气勘探开发具有重要意义。

### 3. 陆内克拉通盆地“溯源退积”层序构型

陆内克拉通盆地是我国重要的含油气盆地类型之一，具有独特的地质特征：①长期继承性升降运动控制沉积盆地构造古地理面貌，继承性的沉积体系和单一的沉积中心；②封闭、有限的可容纳空间特征，随着盆地的充填、演化，其潜在、有限的可容纳空间逐渐减小，直至盆地消亡；③地形平缓，小规模的湖平面上升，就可以形成宽广的水陆过渡带；④沉积物厚度较薄，厚度梯度和沉积速率较小；⑤封闭的沉积环境等（朱红涛等，2013）。陆内克拉通盆地地形平缓、有限的可容纳空间、封闭环境等独特的地质特征，就独特的层序充填特征及其层序构型，不能照搬其他陆相盆地的层序充填模式。

通过总结我国鄂尔多斯盆地和澳大利亚 Surat Basin 这两个典型的陆内克拉通盆地的层序充填序列，认为二者具有类似的沉积充填序列：①典型的正粒序岩性组合特征；②层序主要以 LST 为主，TST 和 HST 相对不发育；③基准面旋回以上升半旋回为主的不对称旋回，具有长期持续水进、短期水退旋回特征；④在低可容空间条件下（对应三级层序的 LST）砂体发育，砂体的叠置现象明显，TST、HST 多为泥岩背景中发育的孤立型砂体。此外，梁积伟等（2004，2007）也发现鄂尔多斯东北部山西组层序地层控制下的砂体存在“溯源退积”的现象，同时通过对地层格架中煤层发育规律研究，发现厚煤层同样也呈向北（物源区）退却的趋势。

基于前期陆内克拉通盆地层序地层学的研究成果，笔者团队提出建立陆内克拉通盆地层序长期持续退积、短期进积的“溯源退积”层序构型，其含义是指克拉通盆地所形成的三级层序的层序构型均以 LST 为主，TST 和 HST 相对不发育，具有长期持续退积（水进）、短期进积（水退）旋回特征；不同级别层序地层格架控制下的砂体，自下而上（从老到新），具有向物源区依次退积叠置的特征（图 5-36）。这种层序构型在陆内克拉通盆地层序旋回分析中具有广泛的可用性，其层序旋回划分参照标准为：层序以 LST 为主（TST 和 HST 相对不发育）和对应旋回具有长期持续退积、短期进积的特征。

### 4. 总结与展望

陆相盆地层序构型多元化体系中的经典层序构型和特征性层序构型与构造、湖平面、沉积物供应、古地貌等控制沉积参数信息密切相关，是盆地演化过程中区域动力学背景、盆地构造属性、物源特征、水动力条件等因素的综合反映和具体表现，厘定和揭示盆地层序构型的类型、时空分布、演变规律具有重要的盆地动力学和油气地质意义。陆相盆地层序构型多元化体系反映了陆相盆地沉积动力学过程的复杂性，充分体现陆相盆地沉积充填的多样性和差异性。

随着层序地层学在陆相盆地的深入应用，会产生更多的特征性层序构型，进一步发展、补充和完善陆相盆地层序构型多元化体系。陆相盆地层序构型多元化体系的提出，为陆相层序地层学研究提供一个有利的平台，不但可以将不同类型陆相盆地已发现或建立的层序构型纳入到一个统一体系，而且新发现或新增的特征性层序构型也可以补充到这个体系之中，补充、

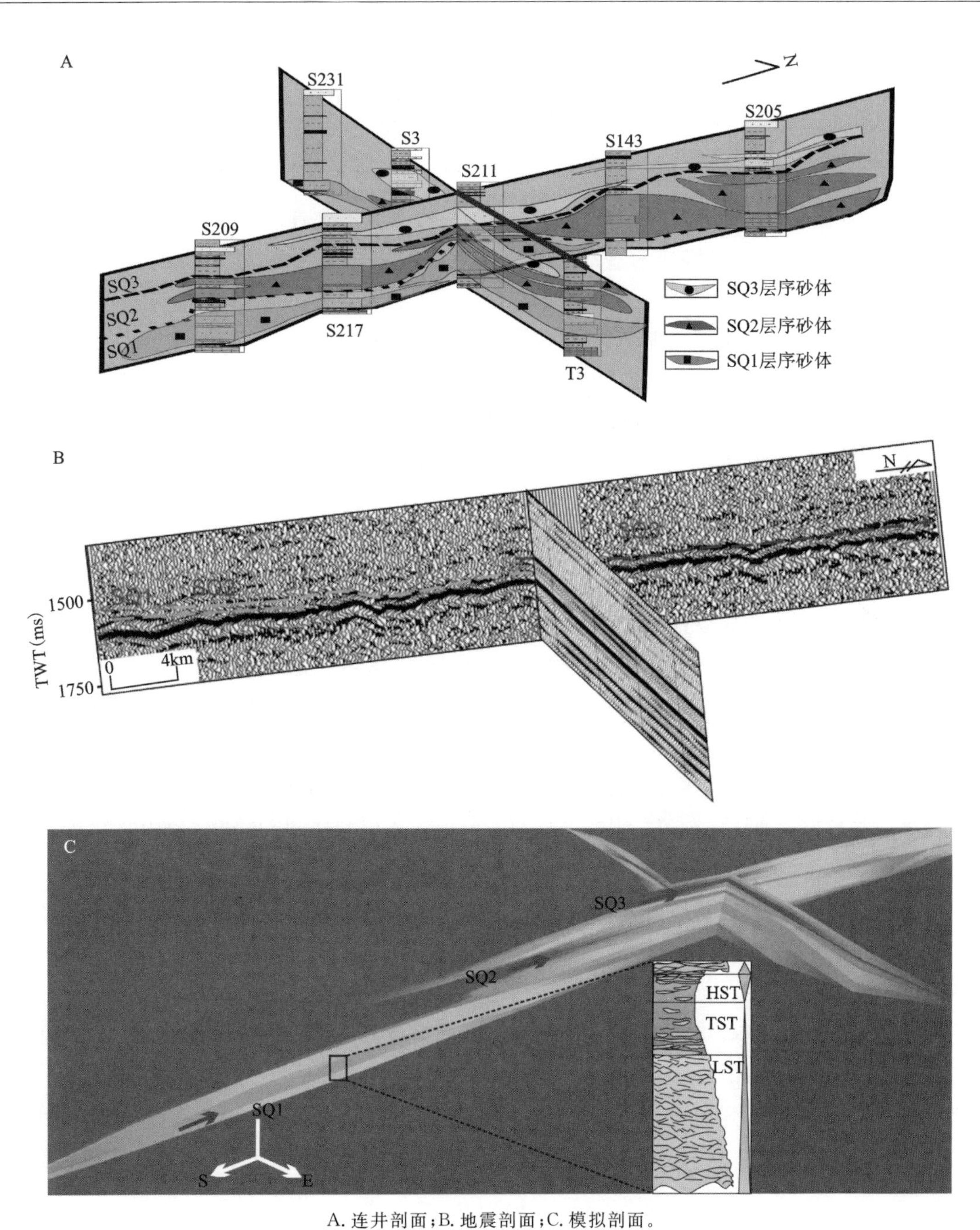


A. 连井剖面；B. 地震剖面；C. 模拟剖面。

图 5-36 陆内克拉通盆地“溯源退积”层序构型

丰富了陆相盆地层序构型多元化体系。该体系有利于陆相层序地层学研究的系统化，可以有效推动陆相层序地层学研究，丰富陆相盆地层序地层理论体系。

# 主要参考文献

曹丹平,2020.地震资料解释基础[M].北京:石油工业出版社.

陈开远,沈林克,1993.塔里木盆地北部地震地层解释与油气检测[M].武汉:中国地质大学出版社.

何樵登,1986.地震勘探原理和方法[M].北京:地质出版社.

李维, 陈刚, 王东学, 等, 2022. 利用最大正、负曲率识别准噶尔盆地吉木萨尔凹陷芦草沟组甜点段微小断层开启性[J]. 石油地球物理勘探, 57(1): 184-193.

刘晓峰,董月霞,王华, 2010. 渤海湾盆地南堡凹陷的背形负花状构造[J]. 地球科学(中国地质大学学报), 35(6): 1029-1034.

孟晓春,2005.地震信息分析技术[M].北京:地震出版社.

牟中海,尹成,2013.地震地层学[M].北京:石油工业出版社.

秦政,1987.石油地球物理勘探下地震勘探原理和解释[M].北京:石油工业出版社.

曲寿利,2019.典型地震地质特征图集[M].北京:中国石化出版社.

冉伟民,栾锡武,邵珠福,等,2019.东海陆架盆地南部生长断层活动特征[J].海洋地质与第四纪地质,39(1):100-112.

任明达,王乃梁,1981.现代沉积环境概论[M].北京:科学出版社.

汪锴, 王根厚, 贾庆军, 等, 2023. 琼东南盆地深水区松南-宝岛凹陷的构造演化及其与油气成藏关系[J]. 现代地质, 37(2): 245-258.

王家豪,2020.含油气盆地野外露头和岩芯沉积相解译[M].武汉:中国地质大学出版社.

王勇,程金星,廖文婷,等,2015.地震资料在隐蔽圈闭识别中的应用[M].北京:石油工业出版社.

吴庆勋,韦阿娟,王粤川,等, 2018. 渤海南部地区潜山构造差异与成因机制[J]. 地球科学, 43 (10): 3698-3708.

徐怀大,王世凤,陈开远,1990.地震地层学解释基础[M].武汉:中国地质大学出版社.

杨宝俊,唐建人,周辉,等,1996.勘探地震学资料解释的基础与应用[M].北京:地质出版社.

杨飞,章学刚,雷海飞,2016.地震沉积学[M].北京:科学出版社.

张万选,张厚福,曾洪流,等,1993.陆相地震地层学[M].东营:中国石油大学出版社.

张宪国,林承焰,张涛,等,2019.河流、三角洲相储层地震沉积学方法与应用[M].青岛:中国石油大学出版社.

长春地质学院,成都地质学院,武汉地质学院,1980.地震勘探原理和方法[M].北京:地质出版社.

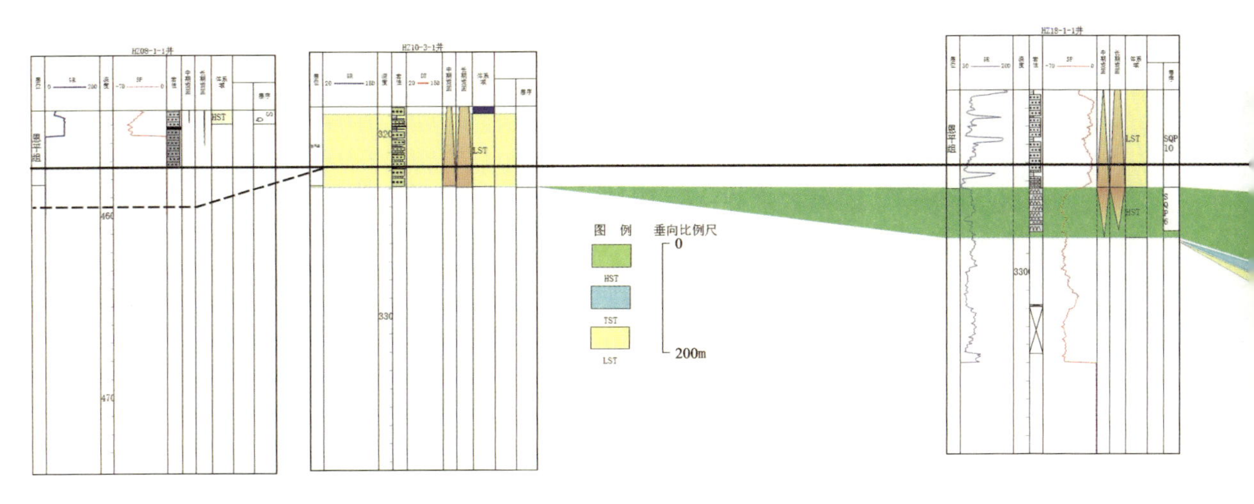


图 5-13 惠州凹陷 HZ08-1-1—HZ10-3-1—HZ18-1-1—

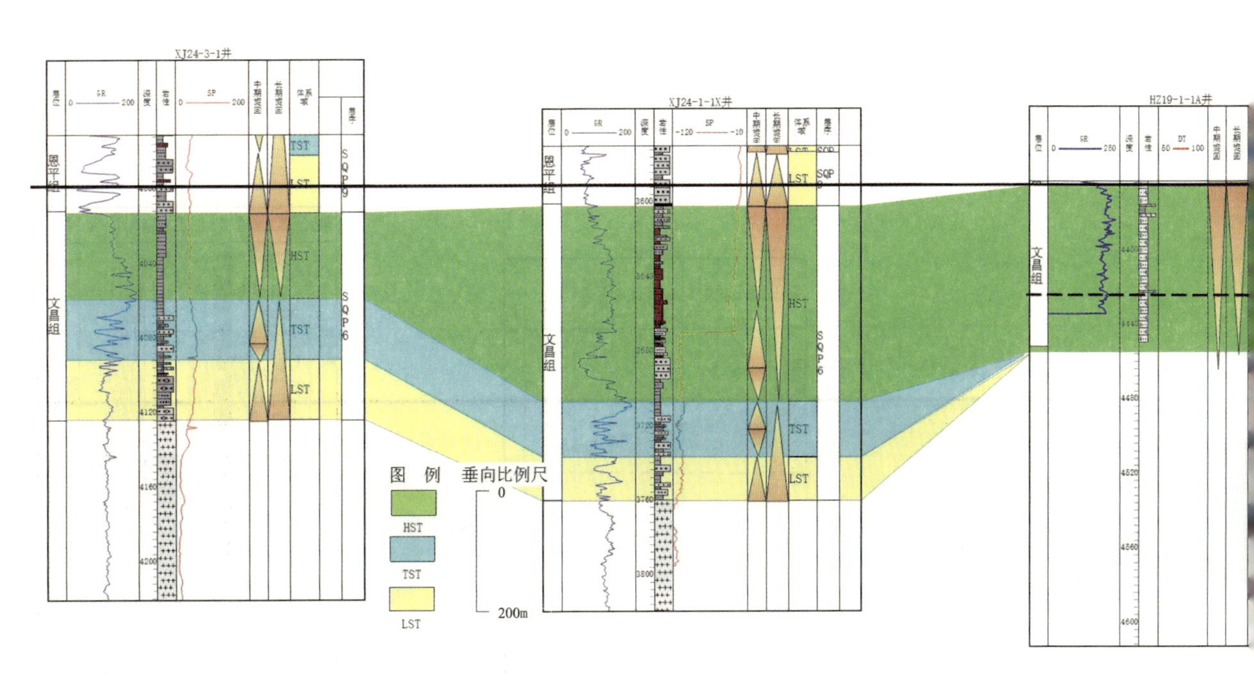


图 5-14 惠州凹陷 XJ24-3-1—XJ24-1-1X—HZ19-1-1A—

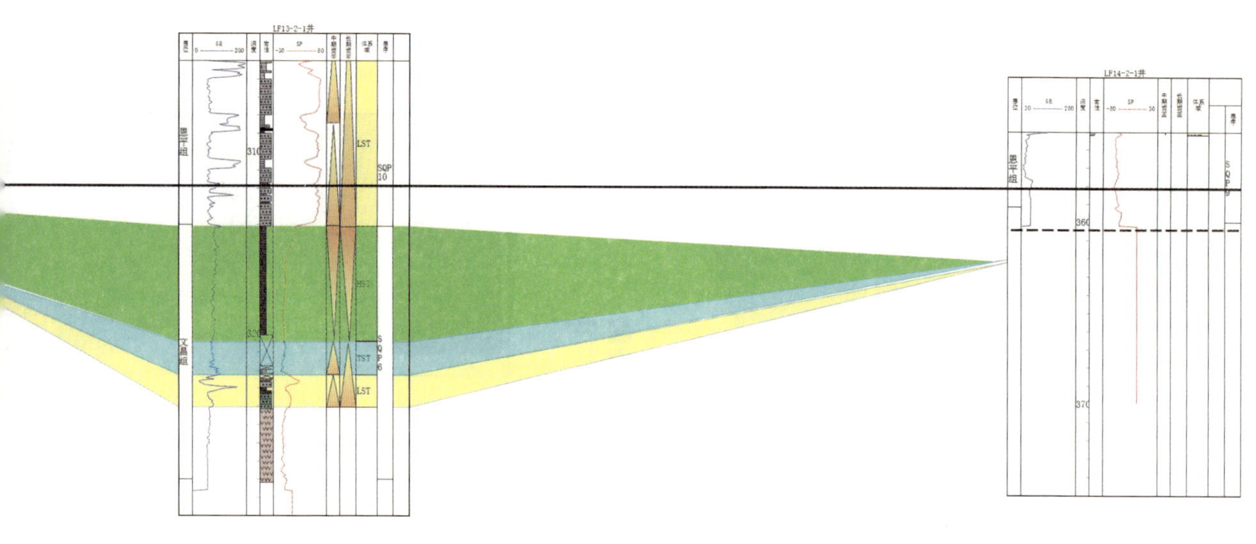


LF13-2-1—LF14-2-1 文昌组高精度层序地层对比剖面图

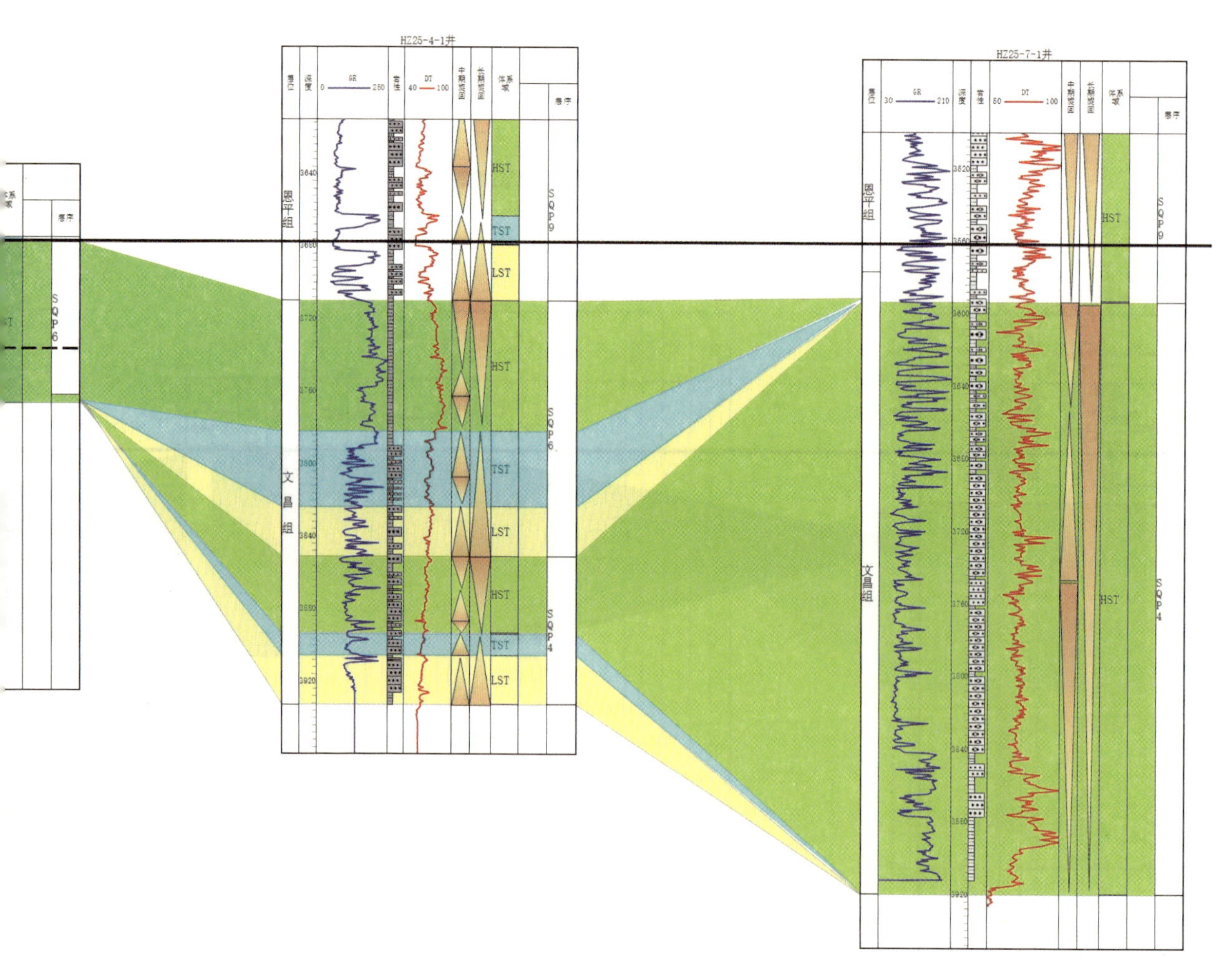


HZ25-4-1—HZ25-7-1 文昌组高精度层序地层对比剖面图

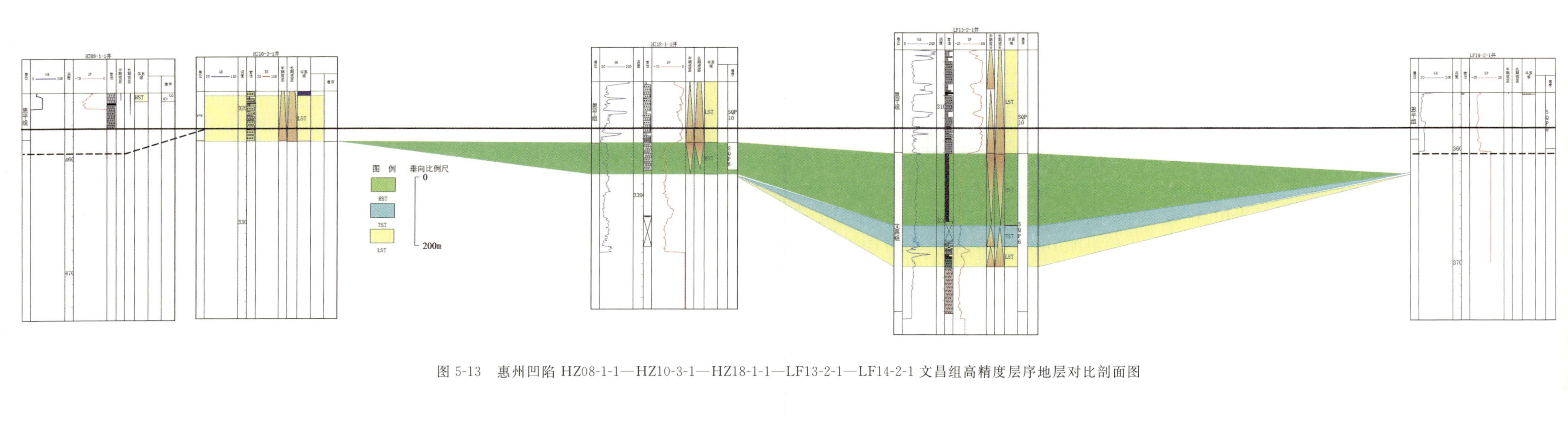


图 5-13 惠州凹陷 HZ08-1-1—HZ10-3-1—HZ18-1-1—LF13-2-1—LF14-2-1 文昌组高精度层序地层对比剖面图

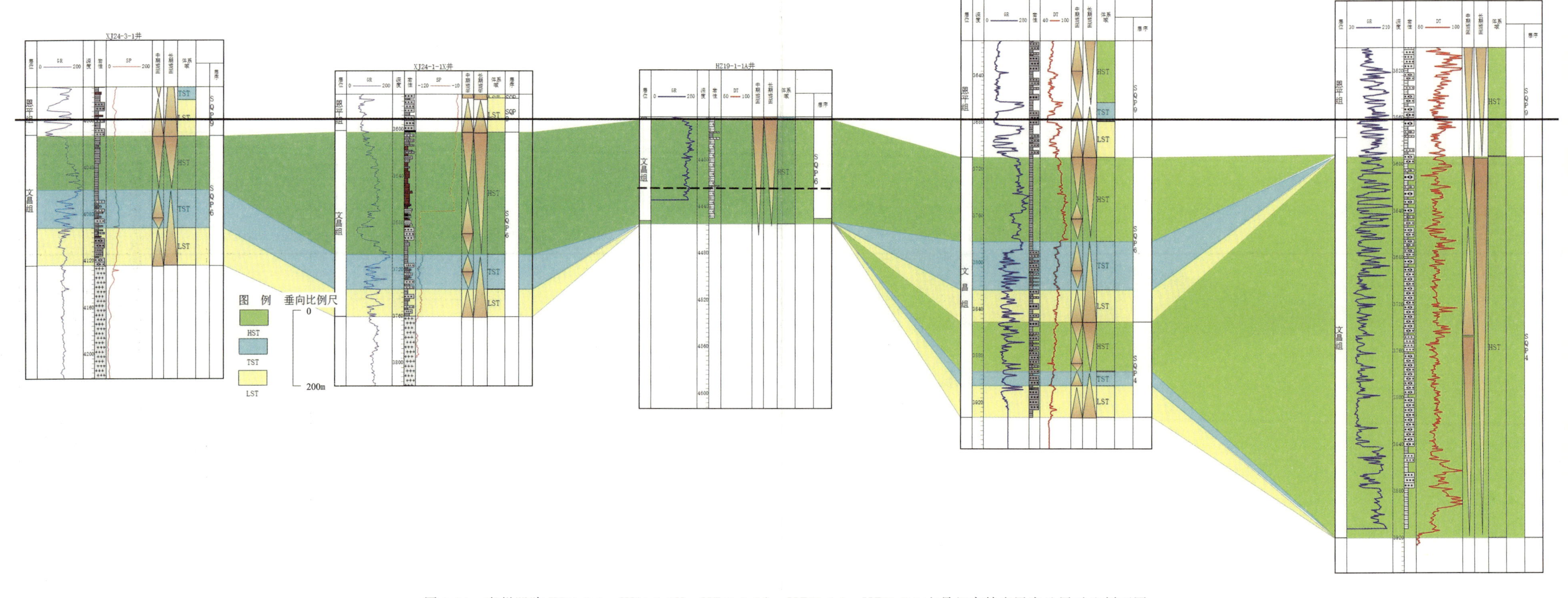


图 5-14 惠州凹陷 XJ24-3-1—XJ24-1-1X—HZ19-1-1A—HZ25-4-1—HZ25-7-1 文昌组高精度层序地层对比剖面图

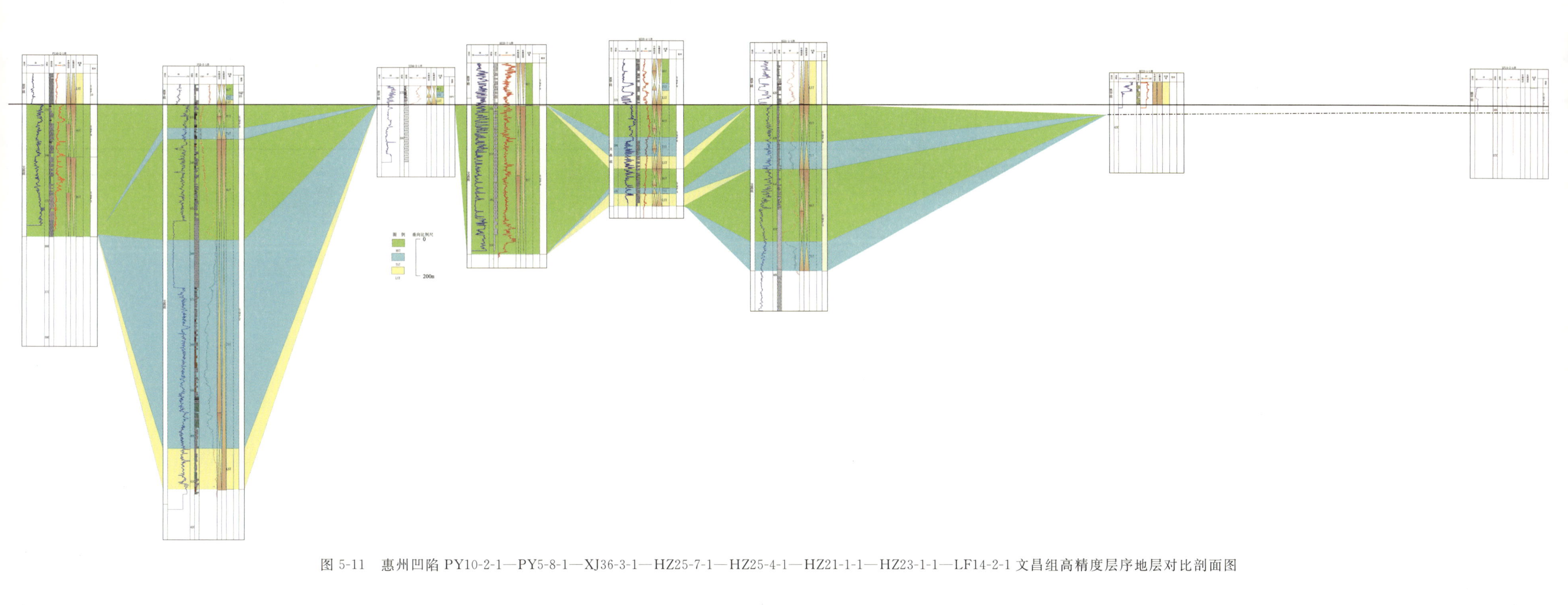

图 5-11 惠州凹陷 PY10-2-1—PY5-8-1—XJ36-3-1—HZ25-7-1—HZ25-4-1—HZ21-1-1—HZ23-1-1—LF14-2-1 文昌组高精度层序地层对比剖面图

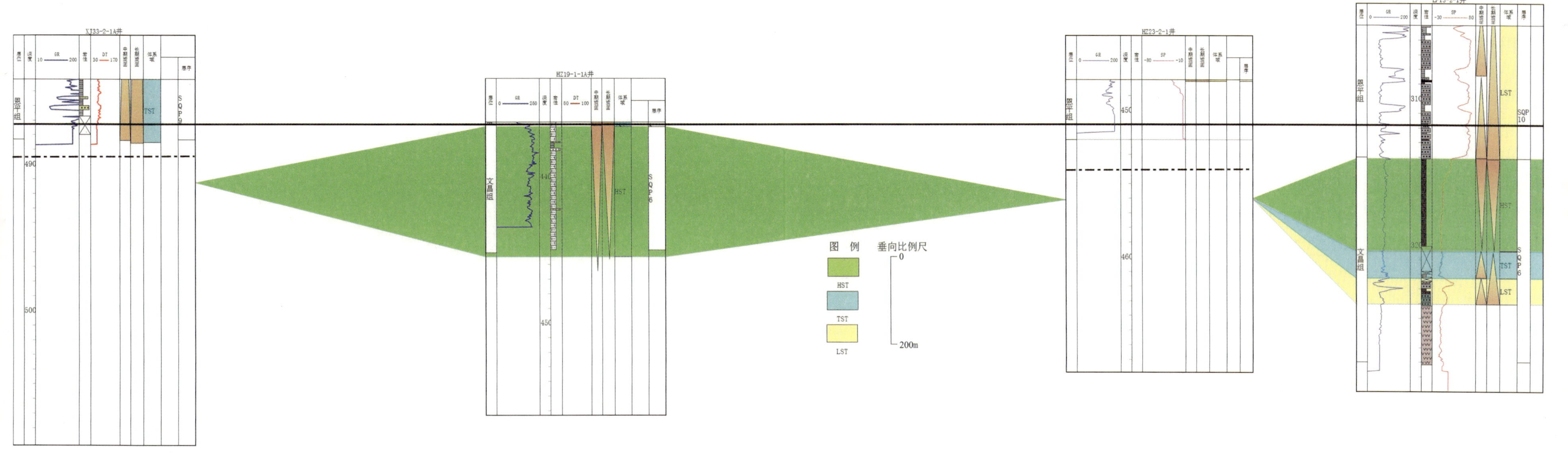


图 5-12 惠州凹陷 XJ33-2-1A—HZ19-1-1A—HZ23-2-1—LF13-2-1 文昌组高精度层序地层对比剖面图